综合化学实验

主编 张 武 高峰

编委（以姓氏笔画为序）

王正华 方 臻 刘 磊 郝二红

唐业仓 崔 鹏 阚显文

中国科学技术大学出版社

内 容 简 介

本书共计 59 个实验,包括 58 个综合性实验和 1 个虚拟仿真实验。实验内容主要来自三个方面:一是安徽师范大学化学与材料科学学院教师的近期科研成果;二是各个二级学科重要实验内容的扩展和更新;三是从科研文献资料中选择和改进的实验。内容涉及无机化合物和有机化合物的合成、表征和性能测试等多个方面。每个实验至少与两个学科的知识相关联,大多数实验涉及现代大型分析仪器的应用,少数实验还引入了新的实验技术和手段,因此实验内容具有综合性、新颖性、前沿性和实用性。为强调绿色化学的概念,还特别添加了虚拟仿真实验。可以培养学生发现、分析和解决问题的能力以及初步的化学研究能力。

本书可作为高等师范院校或其他大学化学及相关专业高年级本科生和研究生的实验教材。

图书在版编目(CIP)数据

综合化学实验/张武,高峰主编. --合肥:中国科学技术大学出版社,2024.6
ISBN 978-7-312-05889-9

Ⅰ. 综… Ⅱ. ①张… ②高… Ⅲ. 化学实验 Ⅳ. O6-3

中国国家版本馆 CIP 数据核字(2024)第 079871 号

综合化学实验
ZONGHE HUAXUE SHIYAN

出版	中国科学技术大学出版社
	安徽省合肥市金寨路 96 号,230026
	http://press.ustc.edu.cn
	https://zgkxjsdxcbs.tmall.com
印刷	合肥华苑印刷包装有限公司
发行	中国科学技术大学出版社
开本	787 mm×1092 mm 1/16
印张	13.25
插页	1
字数	341 千
版次	2024 年 6 月第 1 版
印次	2024 年 6 月第 1 次印刷
定价	45.00 元

前　言

　　化学是一门实践性很强的学科,化学实验是培养学生实验技能及创新意识的重要课程。近些年来,随着我国科学技术和工业生产的迅速发展,基础理论扎实、知识面广、实际操作技能强、有创新能力的人才备受社会欢迎。为了顺应形势的发展和人才需求的变化,化学实验的课程设置和教学内容也不断更新。

　　21世纪初,安徽师范大学对实验教学进行改革,组建了化学实验教学中心,开设了独立的化学实验课程。综合化学实验融合多个二级学科的内容,在一级学科层面上针对高年级本科生开设。本书是由安徽师范大学化学实验教学中心组织具有丰富教学经验的教师编写的,内容设置着眼于反映化学学科的一些前沿领域和发展趋势,拓展学生的视野,并能巩固和加深学生对基础理论的理解及提高基本操作技能。实验涵盖了无机化学、分析化学、物理化学、有机化学、高分子化学、应用化学、材料化学和生物化学等二级学科的专业知识。本书突出了实验教学内容上的独立性,在学生掌握基本知识及实验技能的基础上,更加注重培养和提高学生实践和创新能力。书中许多实验内容由安徽师范大学教师的科研成果转化而来,融入了较多的前沿领域知识,具有原创性和较高的学术价值。把科研优势转化为教学优势,使学生从实验中领悟科学探索和研究的方法,让创新意识和创新能力得到更好的培养。

　　本书不仅能很好地满足安徽师范大学综合化学实验教学的需求,而且可以作为国内其他院校的化学实验教材或为其实验教学提供借鉴作用,还可供相关专业的科研工作者参考。

　　本书参编人员均为安徽师范大学化学与材料科学学院一线教师,详见各个实验中的署名。本书编写时参阅了大量文献资料,在此谨向相关的作者致以衷心的感谢。全书由张武、高峰、王正华、方臻、阚显文、唐业仓、崔鹏、郝二红、刘磊统稿。

　　限于编者水平,书中难免存在错误,恳请读者不吝指教。

编　者

2023年9月

目　　录

实验 1　氧化亚铜纳米晶的液相控制合成及表征

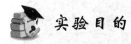

实验目的

(1) 了解氧化亚铜（Cu_2O）纳米晶的制备原理和方法。

(2) 学习氧化亚铜纳米材料的表征方法。

实验原理

氧化亚铜晶体具有面心立方相的结构，常见的氧化亚铜晶体具有立方体和八面体等形状。作为一种直接带隙为 2.0 eV 的 p 型半导体材料，氧化亚铜的用途非常广泛。除在光能转换方面具有潜在的应用优势外，氧化亚铜还可以用作锂离子电池的负极材料、整流器材料和船底涂料。另外，由于独特的光学性质，氧化亚铜在有机污染物的光催化降解、可见光照射下催化分解水得到氢气和氧气等方面都具有潜在的应用。

纳米粒子的物理化学性质与其尺寸和形貌有密切的关系，因此对纳米粒子的尺寸和形貌的控制研究对其应用具有很重要的意义。近年来，不同形貌的氧化亚铜纳米材料，如纳米须、纳米笼、八面体纳米晶、纳米棒等，均被成功地合成。同时也发展了多种制备氧化亚铜纳米材料的方法，如激光辅助催化生长法、电沉积法、热分解法、配位化合物前驱体表面活性剂辅助生长方法等。

本实验分别采用水合肼和抗坏血酸（维生素 C）作为还原剂还原新制备的氢氧化铜沉淀来制备氧化亚铜晶体。所涉及的反应如下：

$$Cu^{2+} + 2OH^- \longrightarrow Cu(OH)_2 \downarrow$$

$$4Cu(OH)_2 + N_2H_4 \cdot H_2O \longrightarrow 2Cu_2O + N_2 \uparrow + 7H_2O$$

$$2Cu(OH)_2 + C_6H_8O_6 \longrightarrow Cu_2O + C_6H_6O_6 + 3H_2O$$

实验研究表明，虽然水合肼和抗坏血酸作为还原剂，都能将氢氧化铜还原成氧化亚铜，但是水合肼和抗坏血酸在反应中所起的作用却有一定的差异，表现在水合肼可以选择性地吸附在氧化亚铜的某些晶面上，从而抑制这些晶面的生长，而抗坏血酸则没有这样的作用，因而使用这两种还原剂会导致最终制备的氧化亚铜晶体具有不同的形貌。用水合肼时制得的氧化亚铜晶体具有八面体外形，而用抗坏血酸时制得的氧化亚铜晶体具有立方体外形（图 1.1、图 1.2）。

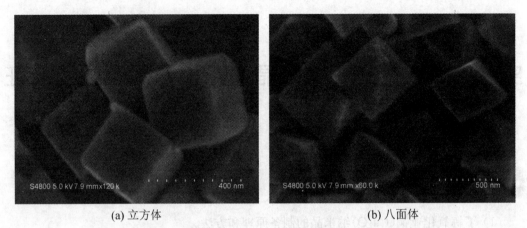

(a) 立方体 (b) 八面体

图1.1 具有立方体和八面体外形的氧化亚铜晶体的扫描电子显微照片

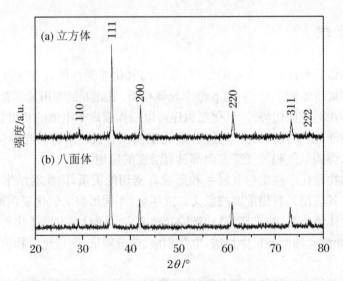

图1.2 具有立方体和八面体外形的氧化亚铜晶体的 X 射线衍射(XRD)图

 ## 仪器与试剂

1. 仪器

烧杯,玻璃棒,磁力搅拌器,离心机,恒温干燥箱,X 射线粉末衍射仪,场发射扫描电子显微镜。

2. 试剂

氯化铜,氢氧化钠,水合肼,抗坏血酸,蒸馏水,无水乙醇等。

 ## 实验步骤

1. 溶液配制

分别配制如下溶液:氯化铜溶液(0.10 mol·L^{-1})、氢氧化钠溶液(0.20 mol·L^{-1}、

$2.0\ \text{mol} \cdot \text{L}^{-1}$)、水合肼溶液($1.0\ \text{mol} \cdot \text{L}^{-1}$)、抗坏血酸溶液($0.10\ \text{mol} \cdot \text{L}^{-1}$)。

2. 氧化亚铜八面体微晶的制备

量取 46 mL 去离子水,加入容积为 100 mL 的烧杯中,放入磁力搅拌子,将烧杯置于磁力搅拌器上,开动搅拌器搅拌。首先移取 1.0 mL 浓度为 $0.10\ \text{mol} \cdot \text{L}^{-1}$ 的氯化铜溶液并加入小烧杯中,再加入 1.0 mL 浓度为 $0.20\ \text{mol} \cdot \text{L}^{-1}$ 的氢氧化钠溶液,可以看到溶液很快变为蓝色。搅拌 3 min 后,再加入 2.0 mL 浓度为 $1.0\ \text{mol} \cdot \text{L}^{-1}$ 的水合肼溶液,继续搅拌 30 min 后,可以看到有大量砖红色的沉淀产生。将该沉淀离心分离,分别用蒸馏水和无水乙醇充分洗涤,最后收集沉淀,放入 60 ℃ 恒温箱内干燥。

3. 氧化亚铜纳米立方体的制备

在磁力搅拌下,移取 1.0 mL 浓度为 $0.10\ \text{mol} \cdot \text{L}^{-1}$ 的氯化铜溶液到盛有 47 mL 去离子水的烧杯中,再加入 1.0 mL 浓度为 $2.0\ \text{mol} \cdot \text{L}^{-1}$ 的氢氧化钠溶液,溶液变为蓝色。搅拌 3 min 后,再加入 1.0 mL 浓度为 $0.10\ \text{mol} \cdot \text{L}^{-1}$ 的抗坏血酸溶液,继续搅拌 30 min 后,可以看到有大量红色沉淀生成。将沉淀离心分离,分别用蒸馏水和无水乙醇充分洗涤后,放入 60 ℃ 恒温箱内干燥。

4. 产物物相和形貌的表征

产物的物相通过 X 射线粉末衍射的方法来表征。扫描角度范围为 20°～80°。将所得的 XRD 衍射花样与标准卡片对比即可知产物的物相。本实验所制备的 Cu_2O 为立方相,对应的标准卡片号为 5-667。XRD 衍射花样上所有的衍射峰都应能与标准卡片一一对应。

产物的形貌通过场发射扫描电子显微镜来表征。将导电胶带粘到样品台上,再分别取少量产物的干燥粉末粘到导电胶带上,最后将样品台放入场发射扫描电子显微镜内,观察所制备产物的形貌。

 思考题

(1) 能将氢氧化铜还原为氧化亚铜的还原剂除了抗坏血酸和水合肼之外还有哪些?

(2) 为什么在反应中生成的是氧化亚铜沉淀而不是氢氧化亚铜沉淀?

(王正华　方　臻)

实验 2　超声化学法合成 CdS-PAM 纳米复合材料及其表征

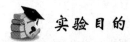

实验目的

(1) 了解超声化学法制备纳米复合材料的原理和方法。

(2) 学习纳米复合材料的表征方法。

实验原理

20 世纪 20 年代，Richard 和 Loomis 等发现超声波可以加速化学反应。20 世纪 80 年代中期，随着大功率超声设备的普及和发展，新的交叉科学——超声化学产生了。与传统的合成方法相比，超声合成方法操作简单、反应条件温和、反应时间大为缩短、反应产率明显提高，甚至能引发某些在传统条件下不能进行的反应。

超声波对化学反应的促进作用不是来自声波与反应物分子的直接相互作用。目前一个被普遍接受的观点是空化现象，即存在于液体中的微小气泡在超声场的作用下被激活，表现为泡核的形成、振荡、生长、收缩乃至崩溃等一系列动力学过程及其引发的物理和化学效应。气泡在几微秒之内突然崩溃，气泡破裂类似于一个小小的爆炸过程，产生极短暂的高能环境，由此产生局部的高温、高压。同时这种局部高温、高压存在的时间非常短，仅有几微秒，所以温度的变化率非常大，这就为在一般条件下难以实现或不可能实现的化学反应提供了一种非常特殊的环境。高温条件有利于反应物的裂解和自由基的形成，提高了化学反应速率。高压条件有利于气相中的反应；当气泡破裂产生高压的同时，还伴随强烈的冲击波，其微射流的速度可以达 $100\ \mathrm{m \cdot s^{-1}}$，对有固体参加的非均相体系起到了很好的冲击作用，导致分子间强烈的相互碰撞和聚集，对固体表面形态、表面组成产生极为重要的作用。因此，空化作用可以看作聚集声能的一种形式，能够在微观尺度内模拟反应器内的高温、高压，促进反应的进行。

本实验采用超声波作为反应动力，促使无机半导体材料 CdS 的合成和丙烯酰胺（AM）的聚合在同一环境下同时进行，最终生成半导体-聚合物纳米复合材料。有关反应描述如下：

$$H_2O \longrightarrow H \cdot + \cdot OH \tag{2.1}$$

$$S_2O_3^{2-} + 2H \cdot \longrightarrow S^{2-} + 2H^+ + SO_3^{2-} \tag{2.2}$$

$$S^{2-} + Cd^{2+} \longrightarrow CdS \tag{2.3}$$

$$S_2O_8^{2-} \longrightarrow 2SO_4^{\cdot-} \tag{2.4}$$

$$AM + NH_4SO_4^{\cdot} \longrightarrow PAM \tag{2.5}$$

仪器与试剂

1. 仪器

超声波清洗仪,烧杯,具塞细颈瓶,玻璃棒,干燥箱,X 射线粉末衍射仪,场发射扫描电子显微镜,红外光谱仪等。

2. 试剂

$CdCl_2 \cdot 2.5H_2O$,丙烯酰胺,$(NH_4)_2S_2O_8$,$Na_2S_2O_3 \cdot 5H_2O$,蒸馏水,无水乙醇。

 实验步骤

1. CdS-PAM 纳米复合材料的超声制备

首先分别称取 1.14 g $CdCl_2 \cdot 2.5H_2O$ 和 0.40 g 丙烯酰胺并置于 100 mL 的烧杯内,加入蒸馏水溶解,配制成 50 mL 溶液。再加入大约 20 mg 的引发剂$(NH_4)_2S_2O_8$,搅拌使之溶解。将上述溶液转移到一个 100 mL 的具塞细颈瓶中,放入频率为 40 kHz、功率为 150 W 的超声波清洗仪内超声 90 min。在超声过程中,溶液的黏度逐渐加大,表明丙烯酰胺在逐渐聚合。之后,向上述溶液中加入 5 mL 2 mol $\cdot$ L^{-1} 的 $Na_2S_2O_3$ 溶液,混合均匀后,再继续超声 150 min,最终得到黄色胶状产物。用蒸馏水和无水乙醇分别洗涤产物数次,以除去其中的无机盐和未聚合的丙烯酰胺,真空干燥后收集起来,以待进一步的表征。

2. 产物的表征

产物中无机物的组成通过 X 射线粉末衍射的方法来表征,扫描角度范围为 10°～80°。将所得的 XRD 衍射花样与标准卡片对比即可知产物的物相和纯度。本实验所制备的 CdS 为立方相,对应的标准卡片号为 10-454。XRD 衍射花样上所有的衍射峰都应能与标准卡片一一对应。

产物的形貌通过场发射扫描电子显微镜来表征。将导电胶带粘到样品台上,再取少量产物的干燥粉末粘到导电胶带上。由于聚丙烯酰胺不导电,在观察前,先通过离子溅射仪在样品的外表蒸镀一薄层金以增强其导电性。

产物中的高分子材料通过红外光谱来表征。聚丙烯酰胺中含有—NH—和 C $=$O 等特征官能团,其振动峰分别位于 3423 cm^{-1} 和 1657 cm^{-1} 处。

 思考题

氯化镉和硫代硫酸钠反应生成硫化镉的化学反应方程式是什么?

（王正华　倪永红）

实验 3　微波法合成碳酸钡纳米材料及其表征

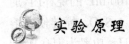 实验目的

(1) 了解微波法制备碳酸钡纳米材料的方法和技术。

(2) 练习使用场发射扫描电子显微镜等对产物进行表征。

实验原理

微波是指频率在 300 MHz～300 GHz 范围的电磁波。通常,一些介质材料由极性分子和非极性分子组成。在微波电磁场的作用下,介质中的极性分子从原来的热运动状态转为跟随微波电磁场的交变而排列取向。例如,采用的微波频率为 2450 MHz,就会出现每秒 24.5 亿次交变,分子间就会产生激烈的摩擦。在这一微观过程中,微波能量转化为介质的热量,使介质温度呈现出宏观上的升高。

微波加热的一个基本条件是物质本身要吸收微波。水是很好吸收微波的介质,所以凡是含水的物质必定会吸收微波。对于金属材料,电磁场不能透入内部而是被反射出来,所以金属材料不能用微波加热。还有一些介质如聚四氟乙烯、聚丙烯、聚乙烯、聚砜塑料、玻璃和陶瓷等,它们能透过微波,而不吸收微波,这类材料可作为加热用的容器或支撑物,或叫微波密封材料。

微波加热具有如下的特点:① 快速加热;② 均匀加热;③ 节能高效;④ 易于控制;⑤ 低温杀菌、无污染;⑥ 选择性加热。

本实验采用微波加热法(微波法)制备碳酸钡纳米材料,采用碳酸氢钠和氯化钡为原料,并加入表面活性剂十二烷基硫酸钠来控制碳酸钡晶体的生长。碳酸氢根离子在微波加热的条件下分解,产生碳酸根离子。碳酸根离子和钡离子作用生成碳酸钡沉淀。在表面活性剂十二烷基硫酸钠的控制下,碳酸钡晶体有序地生长,最后形成一维晶体。

 仪器与试剂

1. 仪器

微波反应器,烧杯,圆底烧瓶,冷凝管,减压过滤装置,X 射线粉末衍射仪,场发射扫描电子显微镜等。

2. 试剂

氯化钡,碳酸氢钠,十二烷基硫酸钠,蒸馏水。

实验步骤

1. 溶液配制

分别配制 2.5 mol·L^{-1} 的 BaCl$_2$ 溶液和 5 mol·L^{-1} 的 NaHCO$_3$ 溶液。

2. 碳酸钡纳米晶体的合成

称取 0.04 g 十二烷基硫酸钠并加入 100 mL 的烧杯中,再往烧杯中加入 20 mL 蒸馏水,搅拌,使之溶解。然后移取 10 mL 2.5 mol·L^{-1} 的 BaCl$_2$ 溶液并加入烧杯中,充分搅拌,使溶液混合均匀。再移取 10 mL 5 mol·L^{-1} 的 NaHCO$_3$ 溶液并加入烧杯中,充分搅拌,使溶液混合均匀。最后,将溶液转移到一个容积为 100 mL 的圆底烧瓶中,将烧瓶口接上一根冷凝管,放入微波反应器中加热(700 W、2.45 GHz),回流 15 min。反应结束后,取下冷凝管,待烧瓶中的溶液冷却后,减压过滤,收集滤出的固体,干燥,以进行下一步测试。

3. 产物物相和形貌的表征

产物的物相通过 X 射线粉末衍射的方法来表征。扫描角度范围为 10°～70°。将所得的 XRD 衍射花样与标准卡片对比即可知产物的物相和纯度。本实验所制备的碳酸钡为正交相,对应的标准卡片号为 71-2394。XRD 衍射花样上所有的衍射峰都应能与标准卡片一一对应。

产物的形貌通过场发射扫描电子显微镜来表征。将导电胶带粘到样品台上,再取少量产物的干燥粉末粘到导电胶带上。如果样品的导电性不够好,可先利用离子溅射仪在样品的外表蒸镀一薄层金以增强其导电性。

(王正华　倪永红)

实验 4 氧化锌微纳米花的合成、表征及其气敏性能

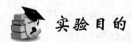

实验目的

(1) 了解氧化锌(ZnO)微纳米花的制备原理和方法。
(2) 学习氧化锌纳米材料的表征方法。
(3) 学习气体传感器的制作及其气敏测试的原理和方法。

实验原理

氧化锌由于有良好的光、电、压电性能,被认为是非常有前途的氧化物半导体材料之一。它可应用于诸多领域,如场发射显示器、太阳能电池和气体传感器等。然而,很多研究都集中在氧化锌纳米点、纳米棒、纳米线和纳米薄片的气敏性能上,对于由纳米片组装成的 ZnO 纳米花的气敏性能的报告却非常少。一种材料的气敏效率取决于它的微结构和制备方法,而后者对于 ZnO 纳米材料的化学性能和结构起到了非常重要的作用。

三维(3D)纳米材料由于具有不寻常的性能而应用到光电和电子纳米器件上从而获得了相当大的关注。特别是从气体传感器的应用角度来看,半导体纳米材料是让人很感兴趣的材料。催化剂或模板通常用于制备三维 ZnO 结构。有报道采用不添加任何催化剂或模板的湿化学法合成由纳米棒组成的 ZnO 纳米花和由纳米薄片组成的 ZnO 纳米花的方法。例如,通过一个非常简单的在无水乙醇体系下的溶剂热法获得了由六角形结构的氧化锌薄片组装成的大量的 ZnO 纳米花。

本实验采用简单化学液相方法来制备氧化锌微纳米材料。所涉及的反应如下:

$$Zn^{2+} + 2OH^- \longrightarrow Zn(OH)_2 \downarrow \tag{4.1}$$

$$Zn(OH)_2 + 2OH^- \longrightarrow Zn(OH)_4^{2-} \tag{4.2}$$

$$Zn(OH)_4^{2-} \longrightarrow ZnO + H_2O + 2OH^- \tag{4.3}$$

实验研究表明,在接近室温的条件下,该方法能大规模制备出微纳米花状的氧化锌。微纳米花是由大约 18 nm 厚的均匀薄片自组装而成的。用该材料制作的气体传感器,对一些有机物如乙醇和丙酮等的蒸气表现出良好的敏感响应和可逆性。

传感器的工作原理如下:对于半导体氧化物气体传感器,如 SnO_2、ZnO、In_2O_3、CuO 等,在接触到一定浓度的还原性气体时半导体氧化物的电阻会有明显的变化。在 200～400 ℃的工作温度下,对于 n 型半导体材料,由于氧负离子的吸附而在材料的表面生成一个电子消耗层,这样就形成了一个核壳结构,内部核为半导体材料,外部是电阻层,这样粒子间的势垒也就形成了。如果传感器处于还原性气体气氛中,如 H_2、CO,还原性气体会与氧负离子反

应生成H_2O、CO_2,残留的电子会进入内部半导体材料从而降低材料的电阻。对于p型半导体材料,如CuO,在还原性气体与氧负离子的反应过程中多余电子的注入导致了电荷载体浓度的减少,从而使材料的电阻增大。因此,材料的催化性能与元件的气敏性能有着必然与本质的联系,对其催化活性加以研究,将会揭示材料的气敏机理,为气敏材料设计提供理论依据,以促进气敏传感器的产业化进程。

仪器与试剂

1. 仪器

烧杯,玻璃棒,磁力搅拌器,离心机,万用表,导线,直流稳压电源等。

2. 试剂

硝酸锌($Zn(NO_3)_2 \cdot 6H_2O$),氢氧化钠,无水乙醇,丙酮,蒸馏水。

实验步骤

1. 氧化锌微纳米花的制备

在磁力搅拌下,称取2.0 g的$Zn(NO_3)_2 \cdot 6H_2O$并溶解到80 mL去离子水中,然后在室温下将10 mL 0.5 $mol \cdot L^{-1}$氢氧化钠溶液滴入上述溶液中,继续搅拌5 min后,再将溶液放在50 ℃的水浴锅中加热90 min,然后停止加热,冷却至室温。可以看到有大量白色的沉淀产生。将该沉淀过滤,用无水乙醇和蒸馏水反复洗涤数次后放入60 ℃恒温箱内干燥。所获得的产物用作实验的气敏材料。

2. 产物物相和形貌的表征

产物的物相通过X射线粉末衍射的方法来表征。扫描角度范围为20°～80°。将所得的XRD衍射花样与标准卡片对比可知产物的物相和纯度。本实验所制备的ZnO为六方纤锌矿结构,对应的标准卡片号为79-2205。XRD衍射花样上所有的衍射峰都应能与标准卡片一一对应。

产物的形貌通过场发射扫描电子显微镜来表征。将导电胶带粘到样品台上,再分别取少量产物的干燥粉末粘到导电胶带上,将样品台放入场发射扫描电子显微镜内观察所制备产物的形貌。

3. 气体传感器的制作与测试

（1）传感器制作

将ZnO微纳米花分散在无水乙醇中,再涂抹到基底印有一对铂电极的陶瓷管的外表面上,室温干燥30 min,随后将小的镍铬合金线圈作为加热器插入这个管中,它将提供气体传感器的工作温度。最后,将陶瓷管焊接在传感器底座上,再给镍铬合金线圈提供一适当的直流电压,将传感器老化1 h。组装成的陶瓷管花状ZnO纳米薄膜气体传感器如图4.1所示。

（2）传感器测试

将传感器放置在一个抽滤瓶中,连接好加热导线和万用表,用橡皮塞盖住瓶口,用注射器向抽滤瓶内注入一定量的乙醇或丙酮气体,用万用表监测传感器敏感膜电阻的变化。传感器气体响应灵敏度的定义是

$$S = \frac{R_a}{R_g}$$

式中，R_a 和 R_g 分别是空气和测试气体中的电阻。

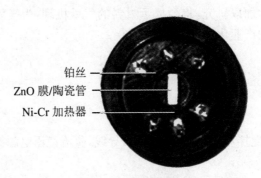

图 4.1　传感器图片

 **思考题**

(1) 在用液相法制备氧化锌纳米材料时，影响其形貌的因素可能有哪些？

(2) 气体传感器的指标参数有哪些？

(3) 分级结构的纳米材料在气体传感器方面的优点有哪些？

（黄家锐　王正华）

实验 5　由正硅酸乙酯水解制备二氧化硅微纳米球及其表面银纳米颗粒修饰

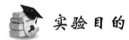

实验目的

(1) 掌握二氧化硅（SiO_2）微纳米球的制备原理和方法。

(2) 了解二氧化硅微纳米球的表面银纳米颗粒修饰原理和方法。

(3) 学习二氧化硅纳米材料的表征方法。

实验原理

自 1968 年 Stöber 等首次合成出单分散二氧化硅微纳米球以来，有关其特殊性能和应用方面的研究逐年增多。目前，人们已经可以在一定规模上制备出纳米级的单分散二氧化硅球，并且其已在陶瓷制品、橡胶改性、塑料、涂料、生物细胞分离和医学工程、防晒剂和颜料等方面获得广泛的应用。大粒径、单分散二氧化硅微球由于形状均一性好、尺寸可控、组成单一和表面易功能化等特点，在光子晶体的自组装、色谱填料、粒度标准物、平板显示器等方面有很大的潜在应用价值。可以方便地对二氧化硅球表面进行化学修饰，从而进一步制备或组装成各种复合微纳米结构。目前，制备纳米二氧化硅的方法很多，分类的方法也不同。例如，根据制备过程中有无液相，分为干法和湿法两种；根据制备过程中物相的变化，可分为气相法和液相法等。

本实验选用水为溶剂，以正硅酸乙酯（TEOS）为硅源、用氨水促进其水解来制备单分散 SiO_2 微纳米球，所得 SiO_2 微纳米球的直径为 $0.2 \sim 2$ μm，再用氯化亚锡还原硝酸银得到银纳米颗粒修饰的复合二氧化硅微纳米球。所涉及的反应如下：

$$n\mathrm{Si(OR)_4} + 2n\mathrm{H_2O} = n\mathrm{SiO_2} \downarrow + 4n\mathrm{ROH}$$

$$\underset{\overset{|}{\mathrm{OH}}}{\overset{\mathrm{OH}}{\mathrm{HO-Si-OH}}} + \underset{\overset{|}{\mathrm{OH}}}{\overset{\mathrm{OH}}{\mathrm{HO-Si-OH}}} \rightleftharpoons \underset{\overset{|}{\mathrm{OH}}}{\overset{\mathrm{OH}}{\mathrm{HO-Si-O-Si-OH}}} + \mathrm{H_2O}$$

$$\underset{\overset{|}{\mathrm{OH}}}{\overset{\mathrm{OH}}{\mathrm{HO-Si-OH}}} + \underset{\overset{|}{\mathrm{OC_2H_5}}}{\overset{\mathrm{OC_2H_5}}{\mathrm{C_2H_5O-Si-OC_2H_5}}} \rightleftharpoons \underset{\overset{|}{\mathrm{OH}}}{\overset{\mathrm{OH}}{\mathrm{HO-Si-O-Si-OC_2H_5}}} + \mathrm{C_2H_5OH}$$

$$\mathrm{Sn^{2+}} + 2\mathrm{Ag^+} = 2\mathrm{Ag} \downarrow + \mathrm{Sn^{4+}}$$

第 1 步是正硅酸乙酯水解形成羟基化的产物和相应的醇；第 2 步是硅酸之间或硅酸与

正硅酸乙酯之间发生缩合反应。在碱催化系统中水解速率大于缩聚速率且正硅酸乙酯水解较完全,因此可认为缩聚是在水解基本完全的条件下在多维方向上进行的,形成一种短链交联结构,这种结构的碰撞、缩聚、生长使短链间交联不断加强,最终形成球形颗粒。实验研究表明,调控实验温度、氨水浓度、正硅酸乙酯的用量以及反应时间,可以得到不同粒径的均匀单分散二氧化硅微球。在 Ag 纳米颗粒修饰二氧化硅微球时,主要的反应是 Sn^{2+} 作为还原剂把 Ag^+ 还原为 Ag 单质,反应生成的 Ag 单质沉积在二氧化硅表面,形成 Ag 纳米颗粒。本方法具有仪器设备简单、实验条件温和、粒子尺寸可控等特点。

 ## 仪器与试剂

1. 仪器
锥形瓶,烧杯,玻璃棒,磁力搅拌器,离心机,紫外-可见光谱仪,场发射扫描电子显微镜等。

2. 试剂
正硅酸乙酯,浓氨水,无水乙醇,硝酸银($AgNO_3$),氯化亚锡,蒸馏水等。

 ## 实验步骤

1. 单分散二氧化硅微纳米球的制备
量取 50 mL 蒸馏水至 150 mL 的锥形瓶中,并加入磁力搅拌子。再移取 5 mL TEOS,加入锥形瓶中。在磁力搅拌下,加入 3 mL 浓氨水,溶液很快由无色变为淡蓝色,然后逐渐变成乳白色。该体系在室温下搅拌反应 2 h。反应结束后,将产物离心分离,分别用蒸馏水和无水乙醇清洗数遍后于烘箱中烘干即可得样品。

2. 二氧化硅微纳米球的表面 Ag 纳米颗粒修饰
配制 $Ag(NH_3)_2^+$ 溶液:取 0.06 g $AgNO_3$ 溶于 9 mL 蒸馏水中,逐滴加入氨水 0.2 mL,使生成的沉淀刚好全部溶解,避光保存。

在制得的 SiO_2 微纳米球水溶液(1 mL)中,加入 2 mL 0.01 mol·L^{-1} $SnCl_2$ 水溶液,磁力搅拌 2 h,离心后加入 2 滴 $Ag(NH_3)_2^+$ 溶液,超声约 5 min。多次离心清洗,将所得产物分散在蒸馏水中。

3. 产物形貌的表征和紫外-可见吸收光谱
产物的形貌通过场发射扫描电子显微镜来表征。将导电胶带粘到样品台上,再取少量产物的干燥粉末粘到导电胶带上,将样品台放入场发射扫描电子显微镜内观察所制备产物的形貌。此外,取 5 mL 银纳米颗粒修饰的二氧化硅微纳米球的溶液,用紫外-可见光谱仪测试其紫外-可见吸收光谱。

 ## 思考题

(1) 除了加氨水外,还可以加入哪些试剂将正硅酸乙酯水解得到二氧化硅?

(2) 所得产物二氧化硅微纳米球的直径可能跟哪些反应条件有关系? 有何种关系?

(黄家锐　王正华)

实验6　Co-BDC 纳米片的制备、表征及电催化析氧性能

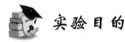

实验目的

(1) 掌握 Co-BDC 纳米片的制备原理和方法。

(2) 学习 Co-BDC 纳米材料的表征方法。

(3) 学习工作电极的制作及其电催化析氧性能测试的原理和方法。

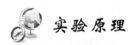

实验原理

氢能是集来源广、热值高、无污染、应用广等众多优势于一身的可持续利用的能源。电催化水分解产氢具有能源转换效率高、污染小、转换方便、技术相对成熟等优势,因而成为现在可再生能源转化成氢能最便捷的途径,也是工业化生产氢能非常有前景的方法之一。电催化水分解包含了阴极氢析出(hydrogen evolution reaction,HER)和阳极氧析出(oxygen evolution reaction,OER)两个半反应,总的反应式为

$$2H_2O == 2H_2\uparrow + O_2\uparrow$$

酸性体系下,OER 反应为

$$2H_2O \longrightarrow O_2\uparrow + 4H^+ + 4e^- \tag{6.1}$$

碱性体系下,OER 反应为

$$4OH^- \longrightarrow O_2\uparrow + 2H_2O + 4e^- \tag{6.2}$$

OER 反应历程相对复杂,经历四电子转移过程,涉及氧氢键的断裂和氧氧键的形成,要克服较大的化学反应能垒,是电解水的动力学迟滞步骤,需较高过电势才能驱动其反应,这是电解水大规模制氢技术的重要瓶颈之一。因而,如果要加快反应速率、提高电解效率、降低成本、节能环保,那么研制出高活性和稳定性的析氧电催化剂材料是关键。理论分解水的电压是 1.23 V(相对于 RHE),但即使外加电压达到平衡电位,满足理论热力学上的要求,水分解反应仍难以发生。因为体系还需要完成离子的定向迁移,克服能量禁阻促使气体产生并脱附以及平衡体系的各种电阻,这些都需要额外提供电压以促使反应进行,这部分额外增加的电压被称作过电位(η)。使用电催化剂可以有效降低过电位以减少能耗。

金属有机框架化合物(metal-organic frameworks,MOFs)是一类由金属离子或离子簇与有机配体通过配位键组装形成的,具有周期性网络结构的配位聚合物。MOFs 材料有大的比表面积、高孔隙率、灵活的拓扑结构和理想的可设计性。与传统无机多孔材料相比,MOFs 兼具无机和有机材料特性,展现出了与众不同的物理化学性质,可以按照特定要求合成,从而具备多种重要功能和明确的应用前景。MOFs 材料在气体分离储存、质子传导、药

物输送、有机催化、金属离子和有机小分子的检测等方面展现了优良的性能。近些年,MOFs微纳结构材料在电催化领域的应用也得到了广泛的关注。

本实验使用对苯二甲酸和硝酸钴通过液相化学反应制备得到 $Co_2(OH)_2(C_8H_4O_4)$(简写为 Co-BDC),即一种 Co-MOF,材料形貌为二维纳米片。涉及的反应如下:

$$C_8H_6O_4 + KOH \longrightarrow C_6H_4(COOK)_2 \tag{6.3}$$

$$C_6H_4(COOK)_2 + Co(NO_3)_2 + H_2O \longrightarrow Co_2(OH)_2(C_8H_4O_4) \tag{6.4}$$

电催化性能测试利用 CHI660A 电化学工作站,在室温下采用三电极体系进行。铂丝和饱和甘汞电极(SCE)分别用作对电极和参比电极,涂布 MOFs 材料的玻碳电极作工作电极,在 $1\ mol \cdot L^{-1}$ 的 KOH 溶液中进行测试。

 仪器与试剂

1. 仪器

烧杯、圆底烧瓶、油浴锅、冷凝装置、磁力搅拌器、离心机、电化学工作站、电极架、玻碳电极、铂丝电极、饱和甘汞电极、移液枪,真空干燥箱等。

2. 试剂

硝酸钴($Co(NO_3)_2 \cdot 6H_2O$),氢氧化钾(KOH),对苯二甲酸,N,N-二甲基甲酰胺,无水乙醇,异丙醇,去离子水,Nafion(美国杜邦公司生产的一种全氟磺酸树脂)(质量分数为5.0%)。

 实验步骤

1. Co-BDC 纳米片的制备

先取 150 mg 的对苯二甲酸并溶于 20 mL 的 N,N-二甲基甲酰胺中,再加入 100 mg 的 KOH 和 20 mL 的去离子水,搅拌 30 min。

另取 88 mg 的 $Co(NO_3)_2 \cdot 6H_2O$ 并溶于 20 mL 的去离子水中。将上述两种溶液混合并倒入 250 mL 的圆底烧瓶中,油浴加热到 80 ℃,搅拌 2 h 后自然冷却至室温。离心收集淡粉色沉淀物,用去离子水和无水乙醇分别洗涤 2 次,然后在 60 ℃ 的真空干燥箱中干燥。

2. 产物结构和形貌的表征

产物的结构通过 X 射线粉末衍射的方法来表征。扫描角度范围为 $5°\sim50°$。将所得的 XRD 衍射花样与用该 MOF 晶体数据模拟的 XRD 谱图对比,可以确定产物的结构和纯度。本实验所制备的 Co-BDC 对应单晶的 CCDC 号为 153067。XRD 衍射花样上所有的衍射峰都应能与模拟图谱一一对应。

产物的形貌通过场发射扫描电子显微镜来表征。将导电胶带粘到样品台上,再取少量产物的干燥粉末粘到导电胶带上。若样品的导电性不够好,可先通过离子溅射仪在样品的外表蒸镀一薄层金以增强其导电性,再将样品台放入场发射扫描电子显微镜内观察所制备产物的形貌是否为纳米片。

3. 电催化析氧性能测试

先将 5.0 mg 的产物加入水、异丙醇、Nafion 体积比为 45∶50∶5 的 1.0 mL 混合溶剂中,超声至少 30 min 以形成分散均匀的悬浊液。然后,将 4 μL 分散液小心地滴加到抛光好的玻碳电极(直径为 3 mm)上,当电极表面完全干燥后作为工作电极待用。

　　打开电化学工作站,预热 30 min,将工作电极、铂丝电极、饱和甘汞电极固定在电极架上,浸入装有 30 mL 的 1 mol·L^{-1} KOH 溶液中并接好导线。在 1.067~1.767 V(相对于 RHE)的电势范围内,以 100 mV·s^{-1} 的速率连续扫描 10 圈的循环伏安法(CV)来活化催化剂。在 1.067~1.767 V(相对于 RHE)的电势范围内再通过线性扫描伏安法(LSV)以 5 mV·s^{-1} 的速率进行扫描,在电流密度为 10 mA·cm^{-2} 处读取电压 E_{SCE} 数据,通过以下公式校准电势:

$$E_{RHE} = 0.24 + E_{SCE} + 0.059 \times pH$$

再利用公式

$$\eta = E_{RHE} - 1.23$$

来计算该电催化剂的析氧过电位。

　　　　　　　　　　　　　　　　　　　　　　　　　　　　(查庆庆　倪永红)

实验 7　MOF-5/Tb³⁺ 纳米晶的制备、表征及对 Cr(Ⅵ) 离子的检测

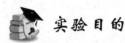 **实验目的**

(1) 掌握 MOF-5/Tb³⁺ 纳米晶的制备原理和方法。
(2) 学习 MOF-5/Tb³⁺ 纳米晶的表征方法。
(3) 学习荧光分光光度计的使用及 Cr(Ⅵ) 离子检测的原理和方法。

 实验原理

铬被广泛应用在印刷、电镀、皮革鞣制、金属抛光等工业领域。但铬又是一种化学毒性元素，全球每年都有大量的铬废弃物产生。铬在许多条件下以可溶性六价铬酸盐阴离子形式存在，人过量摄入会诱发癌症，导致 DNA 损伤、破坏蛋白质和人体酶系统。因此，监测水环境中的铬酸盐阴离子具有重要意义。目前，检测 Cr(Ⅵ) 通常用仪器分析法，如离子色谱法、电感耦合等离子体-质谱联用法(ICP-MS)、高效液相色谱-原子吸收光谱联用法、光纤波传感法。此外还可以利用荧光传感来检测，通过制备特定的荧光探针能够在较短时间内直接定性定量检测分析物，无需预处理，比较简便。

MOFs 作为一类新兴的多孔固体材料，在分子、离子的检测领域有着一定的优势，吸引了很多科研人员的关注。各种各样的 MOFs 已经被开发并应用于化学传感，以检测重金属离子、硝基类芳香化合物和抗生素等。通过镧系元素发光的荧光 MOFs 是一种制备化学传感材料的新策略。这种材料在传感性能方面具有一些优势，如量子产率高、稳定性好、富集能力强、选择性好。

本实验中，我们通过简单的室温搅拌法合成出稀土掺杂的具有特征发射峰的 MOF-5/Tb³⁺ 荧光纳米立方体。MOF-5 是由 $[Zn_4O]^{6+}$ 四面体与对苯二甲酸(BDC)配位而成的立方体网络结构，具有固定的孔隙，利用孔隙的识别能力进行荧光检测可提高分析物传感的选择性和灵敏度。所得 MOF-5/Tb³⁺ 荧光纳米立方体可以作为选择性好、灵敏度高的荧光探针。水体系中的 Cr(Ⅵ) 离子可以导致 MOF-5/Tb³⁺ 的荧光峰发生明显猝灭且不受其他阴离子干扰，因而可以根据该原理检测水体系中的 Cr(Ⅵ) 离子。

 **仪器与试剂**

1. 仪器

烧杯，磁力搅拌器，离心机，移液枪，超声仪，荧光分光光度计，真空干燥箱，场发射扫描

电子显微镜,X射线粉末衍射仪等。

2. 试剂

醋酸锌(Zn(OAc)$_2$·2H$_2$O),硝酸铽(Tb(NO$_3$)$_3$·6H$_2$O),对苯二甲酸,N,N-二甲基甲酰胺(DMF),铬酸钾(K$_2$CrO$_4$),三乙胺,无水乙醇。

 实验步骤

1. 荧光纳米材料 MOF-5/Tb³⁺ 的制备

称取 1.7 g 的 Zn(OAc)$_2$·2H$_2$O 和 0.007 g 的 Tb(NO$_3$)$_3$·6H$_2$O(摩尔分数为 5%)并加入 50 mL DMF 溶解待用。然后,称取 0.5 g 对苯二甲酸,将其加入 40 mL DMF 中搅拌,待溶解完全后加入 800 μL 三乙胺。接着,向其中逐滴加入上述 50 mL 含有 Zn(OAc)$_2$ 和 Tb(NO$_3$)$_3$ 的溶液。继续搅拌 2 h,出现大量白色沉淀。离心收集白色沉淀,分别用 DMF 和无水乙醇洗涤 3 次。最后,将所得样品放置在 60 ℃ 的真空干燥箱中干燥。

2. 产物结构和形貌的表征

产物的结构通过 X 射线粉末衍射的方法来表征。扫描角度范围为 5°～50°。将所得的 XRD 衍射花样与用该 MOF 晶体数据模拟的 XRD 谱图对比,可以确定产物的结构和纯度。本实验所制备的 MOF-5 对应单晶的 CCDC 号为 1210934。铽的少量掺杂不影响 MOF-5 的衍射峰。

产物的形貌通过场发射扫描电子显微镜来表征。将导电胶带粘到样品台上,再分别取少量产物的干燥粉末粘到导电胶带上。若样品的导电性不够好,可先通过离子溅射仪在样品的外表蒸镀一薄层金以增强其导电性,再将样品台放入场发射扫描电子显微镜内观察所制备产物的形貌是否为纳米立方体。

3. Cr(Ⅵ)荧光检测

打开荧光分光光度计并预热 30 min。将适量的 MOF-5/Tb³⁺ 纳米材料分散在去离子水中,在超声辅助下制得浓度为 2.0 mg·mL^{-1} 的 MOF-5/Tb³⁺ 悬浮液。再配制浓度分别为 0.5×10^{-4} mol·L^{-1}、1.0×10^{-4} mol·L^{-1}、1.5×10^{-4} mol·L^{-1}、2.0×10^{-4} mol·L^{-1} 和 2.5×10^{-4} mol·L^{-1} 的 K$_2$CrO$_4$ 水溶液。用荧光分光光度计先测得该 MOF-5/Tb³⁺ 悬浮液在激发波长为 290 nm,激发和发射狭缝宽度为 5 nm,波长范围为 450～650 nm 条件下的荧光光谱,记录最高峰的强度 I_0。然后,各取 1.0 mL 不同浓度的 K$_2$CrO$_4$ 溶液,分别加入 1.0 mL 上述 MOF-5/Tb³⁺ 悬浮液,静置 5 min,由稀到浓进行荧光测试,记录荧光响应光谱中最高峰强度 I。对比加入 Cr(Ⅵ)前后及不同 Cr(Ⅵ)浓度下的荧光谱图,计算强度比 I/I_0 的值,作出强度比随浓度变化的关系图。

(查庆庆)

实验 8　EDTA 络合反应变色水凝胶"珍珠"制备及红外光谱表征

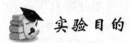 **实验目的**

（1）学习如何制备变色水凝胶"珍珠"，了解水凝胶固化的原理。

（2）了解 EDTA 螯合作用的原理。

（3）巩固配位化合物稳定常数的知识点，能够利用同类型配位化合物稳定常数的大小，对配位化合物进行转化。

（4）掌握红外光谱法进行物质结构分析的基本原理，能利用红外光谱鉴别官能团，并根据官能团确定未知组分的主要结构。

（5）掌握红外光谱仪的使用方法，学会固体样品的测试方法。

 实验原理

本实验将水凝胶和 EDTA 相结合，利用海藻酸钠形成水凝胶，嵌入 EDTA，通过 EDTA 与金属离子的络合反应，设计出带有不同颜色的水凝胶小球，再利用同类型配位化合物稳定常数大小的不同，对配位化合物进行转化，即制成变色水凝胶"珍珠"。

1. 海藻酸钠

海藻酸钠是从褐藻类的海带或马尾藻中提取碘和甘露醇之后的副产物，其分子由 β-D-甘露糖醛酸（M）和 α-L-古洛糖醛酸（G）组成，当有 Ca^{2+}、Sr^{2+} 等阳离子存在时，G 单元上的钠离子与二价阳离子发生离子交换反应，使得 G 单元堆积形成交联网络结构，形成水凝胶。

2. EDTA

EDTA 含有羧基（硬碱）和氨基（中间碱）配体，能与许多硬酸、中间酸和软酸型的阳离子形成稳定的配位化合物。一般情况下，EDTA 的配位能力很强，可与大多数金属离子形成稳定的螯合物，且反应速率快，配位化合物的水溶性好，配位比大多为 1∶1。EDTA 与无色的金属离子生成无色的配位化合物，与有色金属离子生成颜色更深的配位化合物。

3. 配位化合物稳定常数

在配位反应中，配位化合物的形成与解离是同时存在的，配位反应进行的程度可以用配位平衡常数来衡量，该常数被称为配位化合物稳定常数。对于同类型配位化合物，若稳定常数大，则该配位化合物的稳定性较高。本实验中，生成的配位化合物都是同类型配位化合物，所以可以利用稳定常数的大小，对配位化合物进行转化。

4. 红外光谱的基本原理

（1）分子能选择性吸收某些波长的红外线，而引起分子中振动能级和转动能级的跃迁，检测红外线被吸收的情况可得到物质的红外吸收光谱,又称分子振动光谱。

(2) 红外吸收谱带的位置(波数 cm^{-1})对应分子振动能级跃迁的能级差,红外吸收谱带强度反映能级跃迁的概率。

(3) 分子振动方程式。双原子分子振动时吸收能量的电磁波波数可以用下式计算:

$$\Delta E = h\nu = \frac{h}{2\pi}\sqrt{\frac{k}{\mu}}$$

$$\bar{\nu} = \frac{1}{\lambda} = \frac{1}{2\pi c}\sqrt{\frac{k}{\mu}} = 1307\sqrt{\frac{k}{\mu}}$$

式中,$\mu = \dfrac{m_1 m_2}{m_1 + m_2}$,$k$ 为化学键力常数(N·cm^{-1}),c 为光速(2.998×10^{10} cm·s^{-1})。

(4) 傅里叶变换红外光谱仪(FTIR)。光谱仪有两种类型,即色散型和干涉型。普通色散型红外光谱仪用棱镜或衍射光栅进行分光,干涉型红外光谱仪用干涉仪代替色散装置。傅里叶变换红外光谱仪主要由迈克尔逊干涉仪和计算机组成。迈克尔逊干涉仪的主要功能是使光源发出的光分为两束后形成一定的光程差,再使之复合以产生干涉,所得到的干涉图包含了光源的全部频率和强度信息。用计算机对干涉图进行傅里叶变换,就可计算出原来光源的强度按频率的分布。它克服了色散型光谱仪分辨能力低、光能量输出小、光谱范围窄、测量时间长等缺点。它不仅可以测量各种气体、固体、液体样品的吸收、反射光谱等,而且可用于短时间化学反应测量。

 仪器与试剂

1. 仪器

50 mL 烧杯,容量瓶,玻璃棒,胶头滴管,傅里叶变换红外光谱仪,压片机,玛瑙研钵,红外干燥箱,红外灯。

2. 试剂

三氯化铁,硫酸铜,硫酸钴,硫酸镍,海藻酸钠,EDTA,乳酸钙,蒸馏水。

 实验步骤

1. 合成

(1) 配制 0.1 mol·L^{-1} 的三氯化铁、硫酸铜、硫酸钴和硫酸镍溶液各 25 mL。配制 0.2 mol·L^{-1} 的乳酸钙溶液 50 mL。

(2) 称取 0.6 g 海藻酸钠,加入 20 mL 蒸馏水,搅拌,充分溶解后,加入 0.4 g EDTA,搅拌,充分溶解后,转移至烧杯中。

(3) 首先用胶头滴管均匀挤出海藻酸钠/EDTA 液滴于乳酸钙溶液中,等待 10 min,使其固化,获得透明水凝胶"珍珠"。然后将形成的水凝胶分别转移至三氯化铁、硫酸铜、硫酸钴和硫酸镍溶液中,等待 5 min,使其变色。再将硫酸镍溶液中的水凝胶"珍珠"分别转移到三氯化铁溶液和硫酸钴溶液中,30 s 后取出,与原硫酸镍溶液中的水凝胶"珍珠"比较,观察颜色变化。分析其变色原理。

(4) 将初始制备的一部分水凝胶"珍珠"研磨破碎,置于烘箱中干燥,备用,待后续红外分析。

2. 红外表征

(1) 开机并启动软件(先开主机,再开计算机)。

(2) 制备样品(KBr 压片法)。

(3) 测定。

(4) 根据红外光谱图,初步判断化合物结构。

 注意事项

(1) 滴管滴出小液滴的过程要缓慢,以保障水凝胶"珍珠"均匀规则的形貌。

(2) 仔细观察和对比随着水凝胶"珍珠"浸泡时间的延长,其颜色的变化趋势。

(3) 测试红外光谱之前的样品应充分干燥,与 KBr 压片时要在红外灯下充分研磨均匀。

 结果与讨论

1. 实验结果

(1) 记录固化后水凝胶"珍珠"的颜色。

(2) 记录在各金属盐溶液中浸泡之后的"珍珠"颜色(表 8.1)。

(3) 将硫酸镍溶液中的"珍珠"转移至三氯化铁溶液中,30 s 后取出,记录颜色。

(4) 将硫酸镍溶液中的"珍珠"转移至硫酸钴溶液中,30 s 后取出,记录颜色。

表 8.1　实验结果

	三氯化铁	硫酸镍	硫酸钴	硫酸铜
溶液颜色				
浸泡之后的"珍珠"颜色				

2. 讨论

根据测试的红外光谱图进行分析,找出常见吸收峰的归属,确认是否含有 EDTA。

(刘金云)

实验 9 α-MnO₂纳米材料的制备及其柔性锌离子电池测试

实验 9 α-MnO₂纳米材料的制备及其
柔性锌离子电池测试

 实验目的

(1) 了解液相沉淀法制备 α-MnO₂纳米材料的方法和技术。
(2) 学习锌离子电池正极的制备以及柔性水系锌离子电池的组装和测试。

 实验原理

液相沉淀法是液相化学反应合成金属氧化物纳米材料最普通的方法。它是利用各种溶解在水中的物质反应生成不溶性氧化物、氢氧化物、碳酸盐、硫酸盐等,再将沉淀物加热分解,得到最终所需的纳米粉体。液相沉淀法被广泛用来合成单一或复合氧化物的纳米粉体,其优点是反应过程简单、成本低、便于推广和工业化生产。液相沉淀法主要包括直接沉淀法、共沉淀法和均匀沉淀法。

水系锌离子电池电解液的溶剂为水,相比于以碳酸二甲酯(DMC)、碳酸乙烯酯(EC)等为电解液溶剂的锂离子电池,其具有成本更低、离子电导率更高以及对环境污染小的特点,因而受到广泛的关注。而柔性电池技术是一种能够缓解电池在弯折、扭曲、拉伸等过程中所受到的形变伤害的电池制备技术,因为电极、基底和电池外壳具有柔性,所以柔性电池具有较大的拉伸能力。将水系锌离子电池和柔性电池的技术结合,可以各取所长,得到柔性水系锌离子电池。

柔性水系锌离子电池具有如下特点:① 水系电解液成本低;② 能量密度较高;③ 电池制备工艺简单;④ 柔性使得电池可以应对各种形变;⑤ 电池使用寿命长。

本实验采用液相沉淀法制备 α-MnO₂纳米材料,采用高锰酸钾和硫酸锰为原料,在加热的条件下使生成的二氧化锰转变为 α-MnO₂。水凝胶是利用高分子聚合物在金属盐的作用下进行交联得到的,将其用于柔性锌离子电池的电解质,可以给电池带来柔性。

 仪器与试剂

1. 仪器
水浴锅,烧杯,磁力搅拌器,培养皿,万用表,发光二极管,电线若干条,烘箱。

2. 试剂
高锰酸钾,硫酸锰($MnSO_4 \cdot H_2O$),醋酸锌($Zn(OAc)_2 \cdot 2H_2O$),聚偏氟乙烯,乙酸锰($Mn(OAc)_2 \cdot 4H_2O$),1797 型聚乙烯醇,N-甲基吡咯烷酮,泡沫镍,蒸馏水,无水乙醇。

实验步骤

1. 溶液配制

将 1.58 g 的高锰酸钾和 2.53 g 的硫酸锰分别溶解于 50 mL 蒸馏水中。

2. α-MnO$_2$ 纳米晶体的制备

将所配制的硫酸锰溶液放置在 90 ℃的水浴锅中,在水浴加热的条件下缓慢加入所配制的高锰酸钾溶液,用磁力搅拌 2 h。反应结束后,关闭磁力搅拌器,关闭水浴锅,待烧杯中溶液冷却后,减压抽滤,用蒸馏水和无水乙醇洗涤,收集滤出的固体,干燥,待进行下一步测试。

3. 水凝胶电解质的制备

在 50 mL 水中加入 12 g 的 $Zn(OAc)_2 \cdot 2H_2O$ 和 1.225 g 的 $Mn(OAc)_2 \cdot 4H_2O$,搅拌溶解,然后加入 13 g 的 1797 型聚乙烯醇,缓慢搅拌 1 h 后倒入培养皿中,冷却 3 h 后得到水凝胶电解质。

4. 电极材料的制备以及电池性能测试

(1) 电极材料的制备

将 0.1 g 所制备的 α-MnO$_2$ 和 0.01 g 的聚偏氟乙烯进行充分研磨,然后加入 4 mL 的 N-甲基吡咯烷酮,搅拌均匀后将其滴在 2 cm×3 cm 的泡沫镍上,在 60 ℃烘箱中干燥 30 min 后拿出,作为锌离子电池的正极。将 2 cm×3 cm 的锌片用粗砂纸打磨,除去表面氧化层,将光亮的一面朝上,把水凝胶裁剪成合适的大小,作为电池的固态电解质,最后将正极装上,使用胶带缠绕紧。

(2) 电池柔性的测试

使用万用表测试电池的开路电压,将一块电池进行 30°、60°、90° 和 180° 的弯折,记录其电压的变化,再缓慢将电池恢复原状,记录电池的电压变化。将两块电池串联,在串联的电池两端接上发光二极管,然后将电池进行不同角度弯折,观察二极管的发光变化。

(刘金云)

实验 10　二氧化硅微球的合成、氨基化及表征

实验目的

(1) 了解硅基材料的氨基化方法和技术。
(2) 练习使用红外光谱、电子显微镜等对材料进行表征。

实验原理

二氧化硅(SiO_2)微球是环境中常见的非金属氧化物,无毒、无味、无污染,化学性质比较稳定,常用作催化剂载体和橡胶改性等。然而,SiO_2微球的高表面能、大量的硅羟基,使其在溶液中分散性差,易团聚,因此通常对其表面进行化学修饰以提高分散性。对SiO_2氨基化处理有利于提高其理化性质。所谓氨基化即将带有氨基的偶联剂接枝到SiO_2表面。

对SiO_2氨基化处理具有以下特点:① 氨基提高了SiO_2在介质中的分散性;② 操作简单,易于控制;③ 可调控与反应物的接触;④ 对环境无毒害。本实验首先合成SiO_2微球,然后采用后嫁接法将氨基官能团嫁接到SiO_2表面上。

仪器与试剂

1. 仪器
锥形瓶,磁力搅拌器,离心机,真空烘箱,恒温油浴锅,冷凝管,烧杯,减压过滤装置,傅里叶变换红外光谱仪,透射电子显微镜。

2. 试剂
正硅酸四乙酯(TEOS),无水乙醇,浓氨水,去离子水,甲苯,3-氨丙基三甲氧基硅烷。

实验步骤

1. SiO_2微球制备
采用水热法合成SiO_2,首先量取正硅酸四乙酯 15 mL、无水乙醇 105 mL、浓氨水 9 mL 和去离子水 30 mL,置于锥形瓶中磁力搅拌 5 h,然后将混合液体放在离心机中以 5000 r·min^{-1} 的转速离心 5 min,最后用去离子水清洗至中性,在 110 ℃ 下烘干得到SiO_2微球。

2. 氨基的嫁接
称取 4 g SiO_2,在 100 ℃ 真空烘箱中烘 12 h,之后将真空活化的SiO_2加入 100 mL 甲苯中,再加入 4 mL 3-氨丙基三甲氧基硅烷,在 110 ℃ 下回流 8 h,冷却后,过滤,在 60 ℃ 下烘

干。所得到的固体即为氨基化的 SiO_2（SiO_2-NH_2）。

3. 产物形貌和氨基官能团表征

产物的形貌通过透射电子显微镜来表征。将所得 SiO_2 和 SiO_2-NH_2 分别于乙醇中超声 30 min 后分散在铜网上，通过透射电子显微镜观察氨基化前后 SiO_2 微球的形貌变化。

氨基官能团通过红外光谱仪检测，扫描分辨率为 4 cm^{-1}，扫描范围为 4000~400 cm^{-1}。

（李明会　毛俊杰）

实验 11　Fe^0/CN 还原剂的合成及对水体 $Cr(Ⅵ)$ 的去除研究

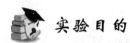

实验目的

(1) 了解制备 Fe^0/CN 还原剂的方法和技术。

(2) 理解并掌握 Fe^0/CN 还原水体 $Cr(Ⅵ)$ 的基本原理。

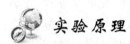

实验原理

六价铬（$Cr(Ⅵ)$）是水环境中典型的重金属污染物，具有强氧化性、蓄积性等特点。采用化学还原法将其转化成无毒的三价铬（$Cr(Ⅲ)$）是处理铬污染的重要策略。纳米零价铁（Fe^0）具有成本低、环境友好等优点，因而被广泛地应用在环境修复中。$Fe^Ⅱ/Fe^0$ 电极电势为 -0.44 V，远远低于 $Cr(Ⅵ)/Cr(Ⅲ)$（1.33 V），故在理论上零价铁还原 $Cr(Ⅵ)$ 的反应可自发发生。Fe^0 还原六价铬的化学方程式如下：

$$2Fe^0 + Cr_2O_7^{2-} + 14H^+ \longrightarrow 2Fe^{3+} + 2Cr^{3+} + 7H_2O$$

纳米零价铁具有较高的比表面积和表面能，在环境中容易团聚形成大颗粒，最终导致其活性降低。为提高纳米颗粒的稳定性，可将其负载到惰性载体上形成负载型纳米零价铁。

负载型纳米零价铁还原 $Cr(Ⅵ)$ 具有如下特点：① 无需额外能量输入反应即可发生；② 反应迅速；③ 装置简单，便于操作；④ 反应后的产物无二次污染；⑤ 纳米零价铁颗粒不易团聚。

本实验采用水热法合成 Fe 基金属有机骨架 NH_2-MIL-101，经过一步碳热反应将有机骨架碳化为掺杂 N 的碳载体，同时 Fe 被还原为零价铁，最终形成负载型零价铁 Fe^0/CN。

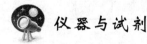

仪器与试剂

1. 仪器

聚四氟乙烯反应釜，pH 计，置顶搅拌器/摇床，紫外-可见分光光度计，分析天平，2 mL 无菌注射器，0.45 μm 水系滤膜，比色管，250 mL 烧杯，移液管，50 mL 容量瓶，离心机，烘箱等。

2. 试剂

六水合三氯化铁，N,N-二甲基甲酰胺（DMF），2-氨基对苯二甲酸（NH_2-DBC），商用零价铁（对比），重铬酸钾，盐酸，硫酸，磷酸，二苯碳酰二肼显色剂，丙酮，无水乙醇。

实验步骤

1. Fe⁰/CN 的合成

将 0.675 g 六水合三氯化铁溶于 7.5 mL DMF 中,向上述溶液中逐滴滴加 7.5 mL 溶有 NH_2-DBC(0.225 g) 的 DMF 溶液,搅拌 10 min 后将溶液转移到 30 mL 的反应釜中,在 110 ℃下反应 24 h。温度降至室温后,用 DMF 和无水乙醇洗涤数次,离心,烘干得到棕色粉末,最后在氮气氛围中于 900 ℃下碳化 5 h 即可得到 Fe^0/CN。

2. 动力学实验

(1) Fe⁰/CN 还原 Cr(Ⅵ)

准确配制 2.00 mg·L⁻¹ 的重铬酸钾溶液 1000 mL,取 200.00 mL 置于 250 mL 的烧杯中,用 0.5 mol·L⁻¹ 的硫酸将 pH 调至 2。加入 50 mg Fe⁰/CN 还原剂并开始计时,按一定的时间间隔(0 min、3 min、6 min、10 min、20 min、30 min、50 min、70 min、90 min、120 min)取样,样品用 0.45 μm 的滤膜过滤,取滤液 2 mL 置于 10 mL 的比色管中,定容至标线,分别加入 0.5 mL 的硫酸溶液(体积比为 1:1)、0.5 mL 的磷酸溶液(体积比为 1:1)、2 mL 显色剂,显色 5 min。设置紫外-可见分光光度计检测波长为 540 nm,用 10 mm 或 30 mm 的比色皿,以水作为参比,测定吸光度,扣除空白,检测样品中 Cr(Ⅵ)的吸光度,记录结果,并根据标准曲线计算对应的 Cr(Ⅵ)浓度。

(2) 商用零价铁还原 Cr(Ⅵ)

将商用零价铁用稀盐酸(0.1 mol·L⁻¹)润洗,烘干后重复步骤(1),测定商用零价铁还原 Cr(Ⅵ)的活性。

 结果与讨论

将实验结果记录于表 11.1 中。

表 11.1　实验结果

取样时间/min	0	3	6	10	20	30	50	70	90	120
吸光度 1										
吸光度 2										
吸光度 3										

 思考题

(1) 显色之前,加入 1:1 的硫酸溶液和 1:1 的磷酸溶液的目的是什么?

(2) 查阅相关文献,说明国内外对六价铬的处理方法有哪些,各有什么优缺点。

(李明会　毛俊杰)

实验 12　简易氢能获取与利用装置的搭建和性能测试

实验目的

（1）掌握电解水制氢的原理和简单实验装置的搭建方法。

（2）掌握氢氧燃料电池的原理和装置搭建方法。

（3）了解清洁能源的获取和利用方法。

实验原理

2020 年 9 月 22 日，国家主席习近平在第七十五届联合国大会上宣布："中国将提高国家自主贡献力度，采取更加有力的政策和措施，二氧化碳排放力争于 2030 年前达到峰值，努力争取 2060 年前实现碳中和。"所谓的"碳达峰"与"碳中和"，就是指二氧化碳年总量的排放在某一个时期达到历史最高值后，通过植树、节能减排、碳捕集、碳封存等方式抵消人为产生的二氧化碳，实现二氧化碳净排放为零。为实现"双碳"战略目标，用可再生的清洁能源替代传统的化石能源（煤炭、石油、天然气），是减少二氧化碳排放的有效手段。清洁能源也称绿色能源，是指不产生污染物，能够直接用于生产生活的能源，如风能、地热能、生物质能、氢能等。其中氢能被认为是最具发展潜力的清洁能源。氢气是一种高质量的能源载体，具有清洁、储量丰富、储运方式多样、来源广泛等诸多优点。在能源转型的大背景下，发展氢能已成为发达经济体的共识。2019 年，我国首次将氢能写入《政府工作报告》中，在 2020 年发布的《新时代的中国能源发展》白皮书中指出了新时代氢能源发展的方向。为推进氢能产业的高质量建设，有效地获取和高效地利用氢气成了发展和应用氢能的关键。

当前，工业上常用的制氢方法按其原料可分为有机物分解制氢、氨催化分解制氢、生物质制氢和电水解制氢等。有机物分解制氢又包括化石能源制氢和甲醇重整制氢：化石能源制氢存在成本高、能耗高的问题；甲醇重整制氢虽然在能耗方面具有较大优势，但受反应温度下所需催化剂的限制，目前仅适合中小规模制氢。而且有机物分解制氢过程依然会伴有大量的二氧化碳排放，不利于"双碳"战略目标的实现。氨催化分解制氢是通过氨的分解制备氢气，是一种绿色环保的技术，但转化效率相对较低。生物质制氢由于技术尚不成熟，存在氢气产量较低的问题。相比之下，电解水制氢是获取氢能的有效工艺。

电解水制氢过程可利用可再生能源，如太阳能、风能等发电，使得电解水制氢技术可以实现碳的零排放。随着可再生能源的大规模应用和电解水制氢技术的不断更新，电解水制氢在不久的将来必然会成为具有竞争力的技术。电解水的总反应方程式如下：

$$H_2O \Longrightarrow H_2\uparrow + \frac{1}{2}O_2\uparrow$$

电解水制氢一般在电解槽中进行。电解槽由三部分组成:电解质(即 H_2O)、发生氧化反应的阳极和发生还原反应的阴极。当外电路施加的电压大于水分解所需要的电压时,氢气和氧气分别从阴极和阳极逸出。因此,电解水反应可以看作两个半反应:阴极的析氢反应和阳极的析氧反应。根据电解时水酸碱度的不同,在阴极发生的析氢反应和在阳极发生的析氧反应会有所不同,如以下方程式所示:

酸性介质中:

$$\begin{cases} 阳极:H_2O \longrightarrow 2H^+ + \dfrac{1}{2}O_2\uparrow + 2e^- \\ 阴极:2H^+ + 2e^- \longrightarrow H_2\uparrow \end{cases}$$

中性或碱性介质中:

$$\begin{cases} 阳极:2OH^- \longrightarrow H_2O + \dfrac{1}{2}O_2\uparrow + 2e^- \\ 阴极:2H_2O + 2e^- \longrightarrow H_2\uparrow + 2OH^- \end{cases}$$

电解水过程中,如果在阴极上增加析氢催化剂,在阳极上增加析氧催化剂,那么可以降低外电路施加的电压,并提高水分解生成氢气和氧气的速率。

氢气的利用方式有多种。其中氢氧燃料电池是将氢气直接转化为电能的能量转换装置。转化过程的唯一产物为水,转化装置可大可小,非常灵活,能量转换率也较高。因此,氢氧燃料电池是一种清洁、低碳、高效的氢能利用装置。氢氧燃料电池是以氢气为还原剂,氧气为氧化剂,将化学能转变为电能的电池,与原电池的工作原理相似。氢氧燃料电池工作时,向一端电极供应氢气,发生氧化反应,为负极,同时向另一端电极供应氧气,发生还原反应,为正极,最终反应生成水,如下式所示:

$$2H_2 + O_2 \longrightarrow 2H_2O$$

这一类似于燃烧的反应过程,接通电路后就能连续进行。

本实验通过简单的实验器材,搭建出电解水制氢装置和氢氧燃料电池装置。首先,利用电解水制氢装置产生氢气与氧气并存储在气球内。反应持续一段时间后,将存储的氢气和氧气通入氢氧燃料电池装置,同时连接测量仪表,测试氢氧燃料电池的性能。

 ## 仪器与试剂

1. 仪器
烧杯,量筒,容量瓶,恒电位仪,铁架台,U 形管,气针,气球,气体导管,止水夹,鳄鱼夹,燃料电池构件,电流表,电压表等。

2. 试剂
浓硫酸(H_2SO_4),去离子水,石墨棒,Pt/C 粉。

 ## 实验步骤

1. 溶液配制
在室温下,利用烧杯、量筒、容量瓶,配制 500 mL 浓度为 0.5 mol · L^{-1} 的 H_2SO_4 溶液作为电解液。

2. 电解水制氢装置的搭建

向 U 形管内加入配制好的硫酸溶液,将石墨棒与气针分别穿过橡胶塞,并塞紧橡胶塞,保证 U 形管气密性良好。每个橡胶塞上插有两个气针,其中一个气针上套有气球,用于收集气体,另一个气针上连接气体导管,用于排放气体。气体导管上夹有止水夹,用于控制气路的开、关。

3. 气体的产生、检验和收集

通过鳄鱼夹将恒电位仪的正负极与 U 形管上的石墨棒相连,打开恒电位仪,调节至合适电位,开始实验。在合适的电位下,U 形管内两侧的石墨棒表面产生大量气体,等待几分钟,将带火星的小木条靠近与恒电位仪正极相接的石墨棒旁的气体导管口,打开止水夹,放出气体。若放出的气体可使小木条复燃,则表明此石墨棒表面产生的气体为氧气。根据电解水原理可以得出,另一侧石墨棒表面产生的气体为氢气。在恒电位仪继续通入电流的条件下,利用橡胶塞上套有的气球收集两侧石墨棒表面产生的气体,直至原本干瘪的气球开始鼓胀。

4. 氢氧燃料电池装置的搭建和性能测试

将燃料电池构件组装成完整的燃料电池装置,在装置内涂抹上 Pt/C 粉作为氢氧燃料电池反应的催化剂。将电解水制氢装置两侧气球中收集的气体通过装置的气体导管分别通入燃料电池装置的两端,并将电压表、电流表与燃料电池装置的两极相连。

观察、记录电压表、电流表读数,计算氢氧燃料电池的功率。调节连接电解水制氢装置的恒电位仪的电位,比较不同电位下电解水制取气体的效果以及由气体通入燃料电池装置构成的氢氧燃料电池功率的变化。

思考题

(1) 电解水过程中,使水分解为氢气和氧气的理论分解电压为多少伏?

(2) 氢氧燃料电池两极发生的半反应是什么?

(3) 电解水制氢工艺有哪些优势和不足?

(王伟智)

实验 13　氢氧化铜纳米棒阵列材料的合成、表征及其催化电解水析氢反应

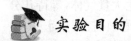 **实验目的**

(1) 了解氢氧化铜纳米棒阵列材料的制备原理和方法。
(2) 练习使用场发射扫描电子显微镜等对产物进行表征的方法。
(3) 掌握催化电解水析氢反应的原理和催化性能测试方法。

 实验原理

　　无机纳米材料具有独特的性能,且其性能随着材料形貌的变化而发生变化。无机纳米材料依据形貌一般可分为零维、一维、二维、三维无机纳米材料。其中一维无机纳米材料如纳米线、纳米棒、纳米管材料等,具有高长径比的结构特征,可作为电荷传输的直接导电路径。因此,一维无机纳米材料可用于制造纳米尺寸的电子、光电、电化学和机电器件。

　　一维无机纳米材料的制备本质上是一个晶体的结晶过程,涉及晶体的成核与生长两个过程。当构成一维无机纳米材料的粒子(原子、离子或分子等)充足时,粒子会形成簇团成为晶核,随着构成纳米材料的粒子数目继续增加,这些晶核进一步生长形成更大的结构。通过有效控制晶体的生长速率和生长维度,最终可以获得一维结构的无机纳米材料。近年来研究发展出的一维无机纳米材料的合成机理主要有:① 晶体内结构各向异性的一维无机纳米材料取向生长;② 液-固界面形成晶核的不对称性诱导一维无机纳米材料生长;③ 一维模板作为一维无机纳米材料生长限制空间;④ 包覆剂辅助的动力学控制一维无机纳米材料生长;⑤ 零维无机纳米颗粒自组装形成一维无机纳米材料;⑥ 一维无机微米材料减小尺寸成一维无机纳米材料。

　　基于这些合成机理,具体采取的一维无机纳米材料的合成方法有模板合成法、化学气相沉积法、物理溅射法、超临界流体法、激光烧蚀法、热解法、自组装法、液相合成法。在这些方法中,液相合成法是制备一维无机纳米材料最常用的方法。该方法通常是在液相体系中,由不同的分子或离子进行反应,生成固相产物。选取合适的溶剂作为液相反应体系,控制适宜的反应物浓度、反应温度和反应时间,就能使生成的固体产物的颗粒尺寸达到纳米级,并取向生长为一维纳米结构。

　　本实验在室温下,采用简单的化学液相方法,在铜片表面制备出大量一维结构的氢氧化铜纳米棒材料。以去离子水为溶剂,采用铜片(Cu)、过硫酸铵($(NH_4)_2S_2O_8$)、氢氧化钠(NaOH)为原料。在水溶液中,铜片表面的铜原子被过硫酸铵氧化为 Cu^{2+},Cu^{2+} 进一步和溶液中的 OH^- 反应,从而在铜片表面生成氢氧化铜。随着反应时间的延长,氢氧化铜不断

生成,逐渐取向生长为一维结构的纳米棒。实验所涉及的反应如下:

$$Cu + 4NaOH + (NH_4)_2S_2O_8 \longrightarrow Cu(OH)_2 + 2Na_2SO_4 + 2NH_3\uparrow + 2H_2O$$

力争 2030 年前实现二氧化碳排放达到峰值、2060 年前实现碳中和,是我国的重大战略决策。利用清洁能源替代传统的化石能源,是减少二氧化碳排放,实现"双碳"战略目标的有效手段。在诸多清洁能源中,氢能不仅具有储量丰富的特点,还具有不受气候、土地、时间限制的优点,而高效的制氢技术则是推动氢能发展的重要基础。在现有的多种制氢技术中,电解水制氢是最有应用前景的低碳制氢技术。电解水过程分为两个半反应,分别是阴极的析氢反应和阳极的析氧反应。当外电路施加的电压大于水分解所需要的电压时,氢气和氧气分别从阴极和阳极逸出。在阴极上使用析氢反应催化剂可有效降低电解水过程的操作电压并提高析氢反应速率。本实验合成的大量一维结构——氢氧化铜纳米棒,垂直有序地生长在铜片基底表面,构成均匀的阵列结构。因为一维无机纳米材料的长度方向有利于电子的传输,阵列结构避免了纳米材料的堆积,有利于材料与电解液的充分接触,铜片基底具有良好的电导性,所以实验合成的氢氧化铜纳米棒阵列材料可直接作为电极材料,用于催化电解水析氢反应。

 仪器与试剂

1. 仪器

烧杯,玻璃棒,电子天平,超声波清洗仪,X 射线粉末衍射仪,场发射扫描电子显微镜,电化学工作站,Ag/AgCl 电极(参比电极),石墨棒(对电极)。

2. 试剂

铜片,丙酮,6 mol·L^{-1} 盐酸溶液,去离子水,无水乙醇,氢氧化钠,过硫酸铵,氢氧化钾。

 实验步骤

1. 铜片清理

将厚度为 0.2 mm、面积为 1 cm×4 cm 的铜片放入烧杯中,加入 10 mL 丙酮在超声波清洗仪中超声 5 min。将铜片取出后再放入烧杯中,加入 10 mL 6 mol·L^{-1} 的盐酸溶液在超声波清洗仪中超声 10 min。取出后再放入烧杯中,加入 10 mL 去离子水在超声波清洗仪中超声 2 min。取出后再放入烧杯中,加入 10 mL 无水乙醇在超声波清洗仪中超声 1 min。

2. 氢氧化铜纳米棒阵列材料的合成

称取 4 g NaOH 和 1.141 g $(NH_4)_2S_2O_8$,加入烧杯中,再加入 50 mL 去离子水,用玻璃棒搅拌至完全溶解。在烧杯中放入清理好的铜片,让其完全浸入溶液中,室温下,静置 40 min。待铜片表面逐渐变为蓝色后,将其取出,用去离子水和无水乙醇冲洗表面数次。

3. 产物物相和形貌的表征

产物的物相通过 X 射线粉末衍射的方法来表征,扫描角度范围为 10°～80°。本实验所制备氢氧化铜为正交相,对应的标准卡片号为 13-0420。基底铜片为立方相的金属铜,对应标准卡片号为 65-9743。XRD 衍射花样上的衍射峰都应能与相应的标准卡片一一对应。

产物的形貌通过场发射扫描电子显微镜来表征。剪一小片反应结束后的铜片,用导电胶带粘到样品台上,通过场发射扫描电子显微镜来表征铜片表面生成的蓝色产物的形貌和尺寸。

4. 氢氧化铜纳米棒阵列材料催化电解水析氢反应性能测试

配制 50 mL 1 mol·L^{-1}的 KOH 溶液作为电解液,将电解液加入电解池中,通氮气除氧 10 min,然后在氮气气氛下进行测试。测试使用电化学工作站,采用三电极系统,其中石墨棒作为对电极,银/氯化银(Ag/AgCl)电极作为参比电极,将合成出的表面生长有氢氧化铜纳米棒阵列材料的铜片直接作为工作电极。测试时,控制作为工作电极的表面生长有氢氧化铜纳米棒阵列材料的铜片浸入 KOH 电解液的面积为 1 cm×1 cm。测试采用线性扫描伏安法,选择合适的电位窗口(−1.6~−0.6 V),选用 10 mV·s^{-1}的扫描速率进行扫描,记录所得极化曲线。

进一步地,作为对比,将没有生长氢氧化铜纳米棒阵列的干净铜片也作为工作电极,石墨棒作为对电极,银/氯化银(Ag/AgCl)电极作为参比电极,50 mL 1 mol·L^{-1}的 KOH 溶液作为电解液,进行催化电解水析氢反应测试。测试时,控制作为工作电极的铜片浸入 KOH 电解液的面积为 1 cm×1 cm。测试采用线性扫描伏安法,选择合适的电位窗口(−1.6~−0.6 V),选用 10 mV·s^{-1}的扫描速率进行扫描,记录所得极化曲线。

比较表面生长有氢氧化铜纳米棒阵列材料的铜片和干净铜片通过线性扫描伏安法测试所得极化曲线,分析两者催化电解水析氢反应的性能。

思考题

(1) 在用液相法制备氢氧化铜纳米线时,影响其形貌的因素可能有哪些?

(2) 电解水析氢反应电解池中的三个电极各有何作用?

(3) 如何根据线性扫描伏安法测试所得极化曲线判断材料催化电解水析氢反应的性能?

(王伟智)

实验 14　核壳型 ZIF-67@ZIF-8 的 合成及其表征

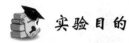

实验目的

（1）了解 MOFs 的制备原理和方法。
（2）学习利用外延生长法合成核壳型 ZIF-67@ZIF-8。

实验原理

　　MOFs 是由金属离子或离子簇与有机配体通过配位键相互交替连接而成的具有周期性网络结构的一类新兴的多孔晶态材料。MOFs 结构高度有序、孔径及比表面积可调、其节点和连接块具有一定的路易斯酸碱性，因而在气体储存与分离、生物制药、能源和工业催化等领域表现出非常广泛的应用前景。Omar M. Yaghi 于 1995 年在 *Nature* 上报道了由钴和 1,3,5-苯三甲酸合成的第一个 MOF。目前，MOFs 的合成方法主要有以下几种：机械研磨法、微波辐射法、溶胶凝胶法、气相合成法、水热/溶剂热法和电化学合成法等。沸石咪唑骨架分子筛（zeolitic imidazolate frameworks，ZIFs）是由金属离子（如 Zn^{2+}、Co^{2+}）与有机连接剂（如咪唑）通过配位键形成的具有四面体框架结构的 MOFs。ZIFs 具有高孔隙率、高比表面积和较好的稳定性，可广泛应用于多相催化材料。

　　近年来，核壳材料的合成与应用研究成为材料领域的一大热点。核壳结构材料是一种材料均匀地包覆在另一种材料表面形成的纳米尺度的有序核壳结构，还包括空球、微囊等材料。核壳结构 MOFs 既保持了核和壳两种材料各自的优良性能，又有效地克服了单一材料的缺陷，在应用中具有独特优势。通过调整核或壳的结构、尺寸，可以调控核壳材料的吸附分离、催化、光学、磁学等性质，因而其表现出异于单组分的核或壳的性能。利用 MOF@MOF 分级的多孔特性，将金属纳米粒子封装在内核 MOF 表面或 MOF 框架孔道中可阻止其在反应过程中发生团聚，提高催化活性，改善循环稳定性。

　　MOF@MOF 的主要合成方法有外延生长法、后合成法交换金属离子或有机配体等。其中外延生长法是合成 MOF@MOF 复合材料最常用的方法。一般说来，用作核或壳的 MOF 材料都是独立存在的，且可以通过相似的水热/溶剂热方法合成得到。外延生长法是将作为核的 MOF 单晶，放置于含有合成壳 MOF 所需反应物的溶液中，通过控制反应的温度和时间，得到 MOF@MOF 复合材料。ZIF-8 和 ZIF-67 是两种典型的 ZIFs，它们具有相同的拓扑结构、相似的单元胞参数、相同的有机连接剂，只是金属离子（Zn^{2+} 或 Co^{2+}）种类不同。因此，可以通过控制加入金属离子的先后次序和相对含量，制备不同厚度的核壳型 ZIF@ZIF。

本实验采用外延生长法制备 ZIF-67@ZIF-8 材料(图 14.1),采用 2-甲基咪唑和金属硝酸盐为原料,通过调整加入金属离子的顺序来调控核壳 MOF 的种类。2-甲基咪唑在室温下和钴离子组装生成菱形十二面体的 ZIF-67。以此为核,加入锌离子,促进 ZIF-8 晶体在 ZIF-67 的表面有序地生长,最后形成菱形十二面体的核壳型 MOF@MOF。

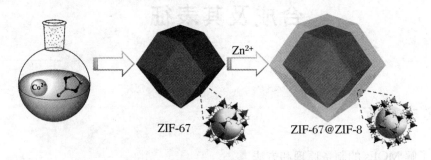

图 14.1 外延生长法合成 ZIF-67@ZIF-8

 ## 仪器与试剂

1. 仪器

烧杯,玻璃棒,磁力搅拌器,离心机,恒温箱,减压过滤装置,X 射线粉末衍射仪,场发射扫描电子显微镜。

2. 试剂

硝酸锌($Zn(NO_3)_2 \cdot 6H_2O$),硝酸钴($Co(NO_3)_2 \cdot 6H_2O$),2-甲基咪唑,无水甲醇。

 ## 实验步骤

1. ZIF-67@ZIF-8 的制备

在磁力搅拌下,将 15 mL $Co(NO_3)_2 \cdot 6H_2O(3.75 \times 10^{-3}$ mol)的甲醇溶液缓慢滴加到 30 mL 含 2-甲基咪唑(1.50×10^{-2} mol)的甲醇溶液中,并将上述混合溶液在室温下连续搅拌 30 min。然后,将 15 mL 含 $Zn(NO_3)_2 \cdot 6H_2O(3.75 \times 10^{-3}$ mol)的甲醇溶液在 5 min 内缓慢加入上述混合溶液中,并在室温下连续搅拌 1 h。最后,在离心机内以 8000 r·min^{-1} 的转速离心 8 min,用 5 mL 无水甲醇清洗再离心分离,重复 3 次,将所得固体在 60 ℃恒温箱内干燥。

2. 产物物相和形貌的表征

产物的物相通过 X 射线粉末衍射的方法来表征。扫描角度范围为 5°~40°。将所得的 XRD 衍射花样与由 ZIF-67 及 ZIF-8 的晶体数据 CIF 文件衍生的模拟峰对比,可知产物的物相和纯度。XRD 衍射花样上所有的衍射峰都应能与模拟峰一一对应。

产物的形貌通过场发射扫描电子显微镜来表征。将导电胶带粘到样品台上,再分别取少量产物的干燥粉末粘到导电胶带上,将样品台放入场发射扫描电子显微镜内观察所制备产物的形貌。

 **思考题**

（1）在用外延生长法制备核壳型 MOF@MOF 时，影响该复合材料的尺寸、形貌的因素可能有哪些？

（2）怎样控制壳层 MOF 的厚度？核壳型 MOF@MOF 的优点有哪些？

（周映华）

实验 15　铜席夫碱配合物的固相合成

 实验目的

（1）了解固相合成铜席夫（Schiff）碱配合物的原理和方法。

（2）了解核磁共振技术对配位化合物（配合物）的表征和分析。

（3）学会运用薄层色谱法（TLC）跟踪反应，巩固抽滤、减压蒸馏和重结晶等实验操作。

 实验原理

　　席夫碱是含有碳氮双键的亚胺或甲亚胺特征基团的一类有机化合物，席夫碱的氮具有一对孤对电子，能与大部分的金属离子形成稳定的配合物。席夫碱类化合物具有特殊的生物功能和催化作用并广泛应用在生产和生活中。在医药方面，席夫碱配合物具有抑菌、杀菌、抗病毒、抗肿瘤等药理活性；在催化领域，席夫碱与铜、钴、镍和钯等的金属配合物在聚合反应、不对称合成、环氧化反应等中都表现出优异的催化性能；在农药、化学分析和功能材料等领域，席夫碱及其配合物应用广泛，具有重要的研究价值与意义。

　　随着社会的发展和人类生活质量的提高，化学工业发展过程中带来的环境污染日益严重，该问题已经引起社会的广泛关注。化学合成过程中大量使用的溶剂，尤其是有机溶剂是造成环境污染的原因之一。化学家提出解决该问题的方案之一是不使用或少使用有机溶剂。因此，替代溶液合成的机械化学合成方法引起了广大化学家们的注意，开始被化学家们使用并进入飞速发展的时期。机械化学合成方法是指反应物在机械力（冲击力、摩擦力、压力等）作用下发生化学反应过程的方法。机械化学反应包括机械球磨反应、超声化学反应和高速涡流反应等。但通常情况下，机械化学反应多指采用研磨或球磨的方法促进固态非均相反应。随着可持续绿色化学合成的不断发展，更为环境友好的机械化学合成方法可以有效降低化学合成过程中的能量消耗和对环境的污染。与传统的溶液合成方法相比，机械化学合成方法具有效率高、成本低、后处理简单和环境友好（不使用或使用少量溶剂）等优点。

　　本实验以 2-羟基-1-萘甲醛和邻苯二胺为原料通过研磨的方法得到席夫碱配体，将所制备的席夫碱配体与乙酸铜固相反应得到铜席夫碱配合物，如图 15.1 所示。

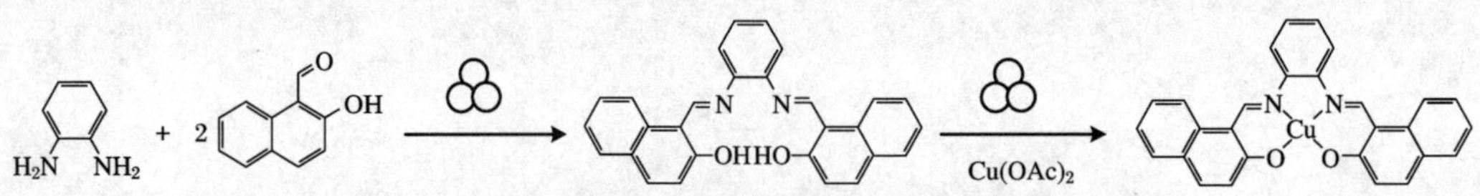

图 15.1　铜席夫碱配合物的固相合成示意图

　　实验研究表明（图 15.2 和图 15.3，彩图 1 和彩图 2），反应物在研磨后发生了明显的变化，说明有新物质形成，发生了化学反应。在合成席夫碱配体的过程中，加入少量的溶剂会有助于固相反应。每研磨 10 min,滴入甲醇 5～6 滴。反应过程中以薄层色谱法跟踪,当席夫碱配体原料点消失后,即可处理反应。

(a) 研磨前　　　　(b) 研磨 30 min后　　　　(c) 研磨 90 min后

图 15.2　席夫碱配体的固相合成反应前后对比图

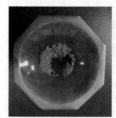

(a) 研磨前　　　　(b) 研磨 20 min后　　　　(c) 研磨 30 min后

图 15.3　铜席夫碱配合物的固相合成反应前后对比图

　　席夫碱配体和铜席夫碱配合物可以通过核磁共振氢谱和紫外-可见吸收光谱等方法表征,以确认化合物的分子结构信息,如图 15.4 和图 15.5 所示。

仪器与试剂

1. 仪器
天平,玛瑙研钵(球磨机),烘箱,三用紫外分析仪,旋转蒸发仪,核磁共振仪,布氏漏斗等。

2. 试剂
2-羟基-1-萘甲醛,邻苯二胺,乙酸铜,二氯甲烷,无水甲醇。

实验步骤

1. 席夫碱配体的制备
　　称取 0.2702 g(0.0025 mol)邻苯二胺和 0.8602 g(0.005 mol)2-羟基-1-萘甲醛,放入玛瑙研钵中(用球磨机更好),边研磨边逐滴滴加甲醇(每研磨 10 min,滴入甲醇 5～6 滴)。研磨 30 min 后,将产物转移至布氏漏斗中,用无水甲醇洗涤产物 3 次(每次 1 mL),抽滤,将所得产物在 100 ℃的烘箱内烘干,称重,计算产率。

2. 铜席夫碱配合物的制备
　　称取 0.4165 g(0.001 mol)席夫碱配体和 0.1816 g(0.001 mol)乙酸铜,放入玛瑙研钵中,边研磨边逐滴滴加甲醇(每研磨 10 min,滴入甲醇 5～6 滴)。研磨 30 min 后,将反应产物转移到布氏漏斗中,用无水甲醇洗涤产物 3 次(每次 1 mL),抽滤,将所得产物在 100 ℃烘箱内烘干,称重,计算产率。

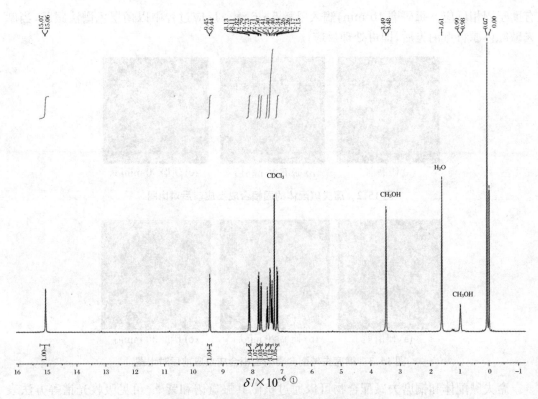

图 15.4　席夫碱配体的核磁共振氢谱图

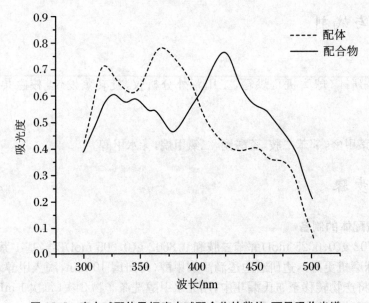

图 15.5　席夫碱配体及铜席夫碱配合物的紫外-可见吸收光谱

---

① 这里的"10⁻⁶"即核磁共振测试导出谱图中的 ppm。

3. 席夫碱配体和铜席夫碱配合物的表征

席夫碱配体的结构通过核磁共振氢谱的方法来表征。分析所得核磁共振氢谱的数据可知席夫碱配体的结构信息。铜席夫碱配合物可以通过紫外-可见吸收光谱来表征,对比席夫碱配体和铜席夫碱配合物的吸收光谱信息发现,配体的吸收峰发生红移,说明了席夫碱配体与铜配位形成了相应的配合物。

思考题

（1）机械化学合成方法有哪些优点？

（2）如何确定铜席夫碱配合物的结构？表征方法有哪些？

（贾卫国）

实验 16　金属酞菁的合成及表征

 实验目的

（1）通过合成金属酞菁，掌握这类大环配合物的一般合成方法，了解金属模板反应在合成中的应用。

（2）进一步熟练掌握合成中的常规操作方法和技能，了解酞菁纯化方法。

（3）运用元素分析、红外光谱、电子光谱、电子自旋共振波谱、磁化率测定、热差-热重、循环伏安法等表征方法，推测所合成的配合物的组成和结构，加深对配合物的认识。

实验原理

酞菁（phthalocyanine），是一类大环高度共轭化合物，环内有一个空腔，直径约为 2.7×10^{-10} m。酞菁自由碱（H_2Pc）的分子结构如图 16.1(a)所示。它是四氮大环配体的重要种类，具有高度共轭 π 体系。它能与金属离子形成金属酞菁（MPc），其分子结构如图 16.1(b)所示。中心腔内的两个氢原子可以被七十多种元素取代，包括几乎所有的金属元素和一部分非金属元素。酞菁环的配位数是四，依金属的原子尺寸和氧化态，一个或两个（对部分碱金属而言）金属原子可以嵌入酞菁的中心腔内。如果金属趋向于更高的配位数，那么金属酞菁的分子会呈角锥体、四面体或八面体结构。锕系和镧系金属是八配位的，这两个系的金属酞菁呈现三明治形结构。

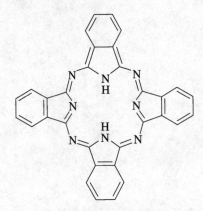

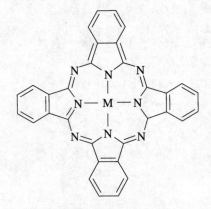

(a) 酞菁自由碱分子结构图　　　　　　　　　(b) 金属酞菁分子结构图

图 16.1　分子结构图

酞菁通常由邻苯二酰衍生物的环化四聚合反应合成，即邻苯二甲酸、邻苯二甲酸酐、邻苯二甲酰亚胺、邻苯二腈、1,2-二溴苯或1,3-二亚氨基异吲哚啉。金属酞菁的合成一般有以下两种方法：① 通过金属模板反应来合成，即通过简单配体单元与中心金属离子的配位作用；② 与配合物的经典合成方法相似，即先采用有机合成的方法制得并分离出有机大环配体，然后再与金属离子配位，合成得到金属大环配合物。其中金属模板反应是主要的合成方法。

金属酞菁的合成主要有以下几种途径（以 +2 价金属 M 为例）：

（1）中心金属的置换：

$$MX_2 + Li_2Pc \xrightarrow[\text{溶剂}]{\text{室温}} MPc + 2LiX \tag{16.1}$$

（2）以邻苯二甲腈为原料：

$$MX_n + 4\ \text{（邻苯二甲腈 CN/CN）} \xrightarrow[\text{干或溶剂}]{300\ ℃} MPc \tag{16.2}$$

（3）以邻苯二甲酸酐、尿素为原料：

$$MX_n(\text{或}M) + 4\ \text{（邻苯二甲酸酐）} + CO(NH_2)_2 \xrightarrow[(NH_4)_2MoO_4]{200\sim300\ ℃} MPc + H_2O + CO_2 \tag{16.3}$$

（4）以 2-氰基苯甲酸胺为原料：

$$M + 4\ \text{（CN/CONH_2）} \xrightarrow[\triangle]{250\ ℃} MPc \tag{16.4}$$

本实验通过金属模板反应，以金属盐和邻苯二甲腈为原料，采用溶液法来制备金属酞菁。采用这种方法合成金属酞菁的优势在于易提纯和产率较高。金属酞菁的热稳定性与金属离子的电荷半径比有关。由电荷半径比较大的金属如 Al(Ⅲ)、Cu(Ⅱ) 等形成的金属酞菁较难被质子酸取代并具有较高热稳定性，这些配合物可通过真空升华或先溶于浓硫酸并在水中沉淀等方法进行纯化。

 仪器与试剂

1. 仪器

电热套，冷凝管，圆底烧瓶，量筒，电子天平，抽滤瓶，布氏漏斗，铁架台，铁夹，紫外-可见分光光度计，红外分光光谱仪等。

2. 试剂

氯化钴(CoCl_2·6H_2O)(CP)，邻苯二甲腈(AR)，N,N-二甲基乙醇胺(DMEA)(CP)，无水甲醇(CP,AR)，二甲亚砜(DMSO)(AR)，溴化钾(光谱纯)等。

实验步骤

1. 金属酞菁的制备(以 CoPc 为例)

称取 CoCl$_2$·6H$_2$O 0.34 g(粉红色)(1.4 mmol)并置于 25 mL 圆底烧瓶中,加热,可观察到固体由粉红色变为深蓝色,直至浅蓝色即制得了 CoCl$_2$。装上带有干燥剂的干燥管,冷却。

向圆底烧瓶中加入邻苯二甲腈 0.5 g(3.9 mmol),量取 DMEA 3 mL,装上预先干燥的冷凝管和装有干燥剂的干燥管,将混合物加热回流 1 h 左右,注意观察其间溶液的颜色变化(反应过程中溶液先由淡紫色,变为棕黄色,再变为暗绿色,且瓶内出现大量的泥浆状物)。待溶液变色以后不要立即停止反应,至少继续维持反应 10 min 以保证产率。冷却溶液后加入 10 mL H$_2$O 溶解掉未反应的 CoCl$_2$ 和 DMEA,抽滤。再依次用 10 mL H$_2$O 和 10 mL 无水甲醇洗涤,抽干,得到蓝紫色金属酞菁 0.39 g,产率为 71%。

2. 金属酞菁的表征

在表征金属配合物时常用到 IR、UV-Vis、核磁共振、磁化率、差热-热重及元素分析来确定分子组成、功能团、电子结构和一些键的特征。本实验选用了 IR、UV-Vis 两种分析方法对合成的金属酞菁进行表征。

(1) 紫外-可见吸收光谱

以 DMSO、乙醇(体积比为 1∶1)混合液为溶剂,测定样品的紫外-可见吸收光谱。从电子 π-π* 跃迁角度讨论电子光谱。

金属酞菁在紫外-可见光区有两个特征吸收带,即 Q 带和 B 带,Q 带在可见光区 600~800 nm,B 带在近紫外区 300~400 nm。

(2) 红外光谱

用 KBr 压片法测定所合成金属酞菁的红外光谱,指认金属酞菁的特征吸收峰。

金属酞菁是以酞菁自由碱作为配体的金属配合物,在配位前后自由酞菁红外光谱发生变化:一方面,N—H 红外吸收带消失,同时出现新的 M—N 红外振动吸收;另一方面,由于对称性由原来的 D_{2h} 提高为 D_{4h},原来的非红外活性变为红外活性,从而产生新的吸收峰。金属酞菁特征吸收带主要分布在 1600~1615 cm^{-1} 和 1520~1535 cm^{-1},都各有一吸收峰,这是由芳香环上 C=C 及 C=N 的伸缩振动引起的。

 注意事项

(1) 因为无水氯化钴在空气中很容易吸水,对反应不利,所以在反应前如果已吸水,可先加热使其脱水,再进行反应。

(2) 反应溶剂(DMEA)不需要加太多,只要保证原料在加热回流条件下能完全溶解就可以了。

 **思考题**

（1）在合成产物的过程中应注意哪些操作问题？

（2）在用水处理反应混合物时主要能除掉哪些杂质？

（3）如果反应后反应瓶中残留有固体，应如何清洗反应瓶？

（焦莉娟　郝二宏）

实验 17　氟硼荧染料的合成与性能研究

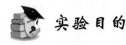 **实 验 目 的**

（1）了解吡咯基本化学反应特性。

（2）学习运用薄层色谱法跟踪反应和使用柱层析（柱色谱）分离有机化合物。

（3）学习紫外-可见分光光度计和荧光可见分光光度计的使用。

（4）从文献的检索、分析与利用，实验方案的设计、实施、结果与分析，论文的撰写到信息交流等科学研究环节上进行较为全面的初步训练，提高科学研究能力。

 实 验 原 理

氟硼荧（简称 BODIPY）类荧光染料是近二十年才发展起来，并受到广泛重视的一类荧光化合物。该染料的母体结构如图 17.1 所示，其核心是左右两个吡咯环、中间一个硼氮六元杂环，三个环呈非常好的共轭平面结构，与硼原子相连的两个氟原子位于 BODIPY 核心平面的两侧。BODIPY 类荧光染料具有非常优异的光物理性质，非常适合应用在各种荧光分析领域，而近些年围绕着 BODIPY 染料分子结构的创新和开发一直是有机化学工作者的研究热点。

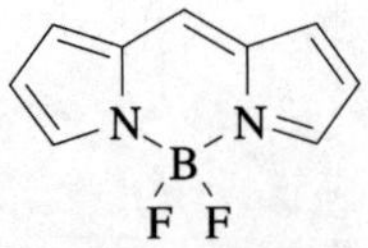

图 17.1　BODIPY 化合物的母体结构

本实验使用一锅法（吡咯缩合、DDQ 氧化、氟硼配位）制备染料分子，整个实验只需在最后用柱层析分离极性最小的目标产物。首先在水相中使用盐酸的水溶液催化吡咯和苯甲醛缩合合成二吡咯甲烷（dipyrromethane），这里利用了二吡咯甲烷在水中溶解度低的性质，将反应中的二吡咯甲烷沉淀出来，从而阻止其进一步反应。然后将二吡咯甲烷氧化脱去一分子氢，形成吡咯甲烯，在碱性条件下吡咯甲烯与三氟化硼络合，形成 BODIPY 类荧光染料。其合成路线如图 17.2 所示。

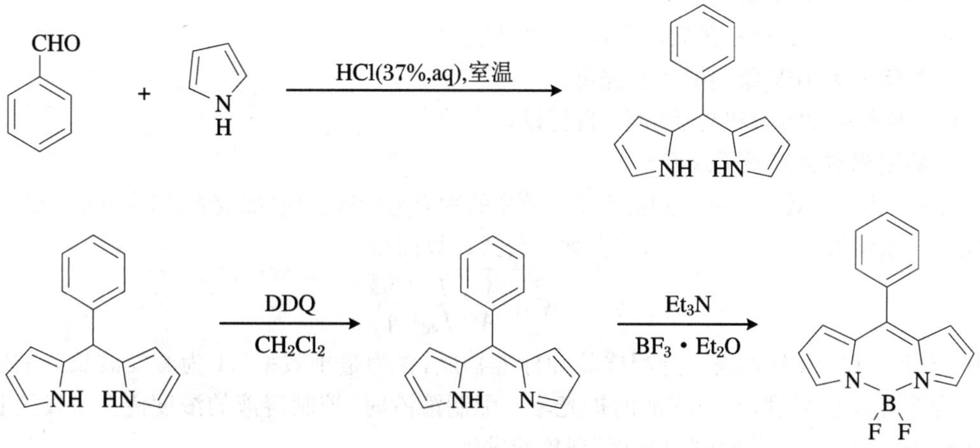

图 17.2　BODIPY 化合物的合成路线

仪器与试剂

1. 仪器

圆底烧瓶,烧杯,锥形瓶,量筒,试管,试管架,吸管,电子台秤,磁力搅拌器,循环水真空泵,色谱柱,层析缸,硅胶板 GF254,核磁共振仪,不锈钢镊子,旋转蒸发仪,容量瓶,紫外-可见分光光度计,荧光光谱仪,三用紫外分析仪,橡胶塞。

2. 试剂

无水硫酸钠(Na_2SO_4),浓盐酸,吡咯,苯甲醛,2,3-二氯-5,6-二氰对苯醌(DDQ),浓氨水,三乙胺,三氟化硼乙醚络合物($BF_3 \cdot Et_2O$),二氯甲烷(CH_2Cl_2),石油醚(60~90 ℃),无水甲醇,d-氯仿,无水乙醇,乙酸乙酯,丙酮,四氢呋喃,甲苯,正己烷,硅胶(200~300 目),荧光黄,氢氧化钠,石英砂,氢氧化铵等。

实验步骤

1. BODIPY 染料的合成

(1) 在 50 mL 圆底烧瓶中加入 6 mL 水和 0.1 mL 浓 HCl(37%，aq),然后加入 0.14 g 苯甲醛和 0.26 g 吡咯,剧烈搅拌,溶液呈乳白色。反应约 0.5 h。(怎么跟踪反应? 时间过长会有什么现象?)然后加 NH_4OH 中和反应混合液,再用 CH_2Cl_2 萃取出固体。(为什么要先中和?)有机相用食盐水洗后用无水硫酸钠干燥。

(2) 将上面干燥后的 CH_2Cl_2 溶液倒入 50 mL 圆底烧瓶中,稀释至总体积约 30 mL。冰浴下加入 DDQ 0.20 g 后撤去冰浴反应 15 min($V_{石油醚}$ ∶ V_{DCM} = 2∶1,用 TLC 确认反应完全)。加入三乙胺 3 mL 后在冰浴中液面下注入 $BF_3 \cdot Et_2O$ 4 mL,体系用橡胶塞密封,常温反应 1~2 h($V_{石油醚}$ ∶ V_{DCM} = 2∶1,用 TLC 确认反应完全)。

2. BODIPY 染料的分离和鉴定

将上述反应液吸附在硅胶上($V_{石油醚}$ ∶ V_{DCM} = 2∶1),过色谱柱得产物,旋干。计算产率。利用核磁共振氢谱鉴定化合物。

3. 测定 BODIPY 染料的 UV-Vis 谱

通过参考基础实验和文献检索，自行设计实验。

4. 测定 BODIPY 染料的荧光光谱

通过参考基础实验和文献检索，自行设计实验。

5. 测定相对荧光量子效率

相对荧光量子效率是以已知荧光量子效率的物质为标准物质（如荧光黄，在 $0.1\ \mathrm{mol \cdot L^{-1}}$ 的 NaOH 水溶液中 $\varphi_{std} = 0.90$），根据如下公式计算而得：

$$\varphi_x = \varphi_{std} \frac{A_{std}}{A_x} \frac{I_x}{I_{std}} \left[\frac{\eta_x}{\eta_{std}} \right]$$

其中，下标 x 和 std 分别表示待测样品和标准物质，φ 为量子效率，A 为激发波长处的吸光度，I 为荧光发射强度，η 为溶液的折光率。配制溶液时，控制溶液的浓度使在激发波长下的吸光度 $A < 0.1$，以防止"自猝灭"现象的发生。

 注意事项

（1）实验要在通风橱中进行。

（2）浓 HCl 和 $BF_3 \cdot Et_2O$ 具有腐蚀性。

（3）实验中废液倒入指定回收瓶中。

 结果与讨论

1. 实验结果

将实验结果记录于表 17.1 中。

表 17.1 实验结果

	颜色与状态	产量/mg	产率
BODIPY 染料			

2. 光化学性质

将 BODIPY 染料的光化学性质记录于表 17.2 中。

表 17.2 光化学性质

溶剂	$\lambda_{max}/\mathrm{nm}$	lg ε	λ_{em}/nm	斯托克斯位移/nm	φ

3. 分析讨论

(1) 深入讨论 BODIPY 染料的应用价值。

(2) 讨论 BODIPY 染料的其他制备方法及所需原料。

(3) 写出图 17.1 中 BODIPY 化合物的母体结构的电子共振式,预测它能发生些什么类型的反应(与苯环等芳香体系类比)。

思考题

(1) 写出吡咯与苯甲醛缩合生成二吡咯甲烷的反应机理。

(2) 写出题(1)反应中可能的副产物。

(3) 生成二吡咯甲烷后,为什么要先加 NH_4OH 中和反应混合液再用 CH_2Cl_2 萃取? 如果不中和直接用 CH_2Cl_2 萃取,会有什么现象或副反应发生?

(4) 柱层析中为什么极性大的组分要用极性较大的溶剂洗脱?

(5) 比较所合成的 BODIPY 染料与图 17.1 中 BODIPY 化合物母体的荧光量子效率,请说明前者的荧光量子效率较低的原因。

(焦莉娟　郝二宏)

实验 18　香豆素-3-羧酸的合成

 实验目的

(1) 学习和应用 Knoevenagel 缩合反应合成香豆素化合物的原理和方法。

(2) 熟练掌握加热回流、薄层色谱法跟踪反应等操作,熟悉有机化合物纯化及表征方法。

(3) 了解绿色化学概念及其在有机合成中的应用。

实验原理

香豆素(coumarin),又名 α-苯并吡喃-2-酮,是 1820 年在香豆素的种子中发现的。作为一类重要的杂环化合物,香豆素及其衍生物因具有良好的抗病毒、抗癌、抗菌及抗氧化等生物活性和药物活性而在食品、医药、农药、香料等领域具有重要的应用。此外,香豆素结构中的 C═C 和 C═O 形成较大的共轭体系,且内酯结构增强了分子的刚性,使得香豆素类化合物具有较好的光学活性,如光稳定性好、荧光量子产率高、光物理和光化学性质可调等,因而在光电材料、荧光染料和超分子识别等领域也得到了广泛应用。

香豆素-3-羧酸是香豆素的重要衍生物,也是构筑各种含有香豆素骨架的天然产物或活性分子的重要前体,因此其合成方法备受关注。传统制备香豆素-3-羧酸的方法是利用水杨醛与丙二酸二乙酯通过发生 Knoevenagel 缩合和内酯化反应首先得到香豆素-3-羧酸乙酯,然后经碱水解、酸化得到香豆素-3-羧酸。该方法需要使用当量的催化剂,如哌啶、二乙胺、L-脯氨酸、乙醇钠、甲醇钠等。这类合成方法需要经两步反应,存在反应时间长、总收率低、操作烦琐等缺点。近年来,利用水杨醛与含有活泼亚甲基的米氏酸的 Knoevenagal 缩合-分子内环化串联反应成为有效合成香豆素-3-羧酸类化合物的一种方法,但往往需要加入酸性或碱性的催化剂以促进该反应的进行。

绿色化学是当今合成化学领域研究的重要内容之一,采用无毒、无害、廉价的反应溶剂和催化剂是绿色合成的发展方向。基于此,本实验以水杨醛和米氏酸为原料,在乙醇溶剂中加热回流 1.5 h,一步反应即可得到香豆素-3-羧酸,反应无需经柱层析分离,用少量乙酸乙酯与石油醚(体积比为 1∶30)的混合溶剂洗涤 2～3 次即可得到纯度较高的产物,产率为 80%。反应式如下:

米氏酸中亚甲基的 C—H 键的 pK_a 为 4.97,具有较强的酸性,在质子型溶剂中易发生烯醇异构化,形成具有亲核性的烯醇中间体 A,烯醇中间体 A 随后进攻水杨醛中羰基经 Knoevenagel 缩合反应得到中间体 C,中间体 C 中酚羟基进攻内酯中羰基并消除一分子丙酮得到中间体 E。最后,中间体 E 经质子转移得到最终产物香豆素-3-羧酸。反应机理如下所示:

仪器与试剂

1. 仪器

圆底烧瓶（50 mL）,量筒（10 mL,100 mL）,防溅瓶（100 mL）,茄形瓶（100 mL）,储液球（250 mL）,球形冷凝管（300 mm）,色谱柱,玻璃棒,薄层色谱硅胶板,点样毛细管,NMR 样品管（直径为 5 mm,长度为 20 cm）,磁力搅拌器,玻璃漏斗,滴管,抽气头,层析缸,调压器,电热套,铁架台。

Bruker 公司的 AV400 型核磁共振仪（以 CDCl$_3$ 作溶剂,以 TMS 作内标）,RE-52A 型旋转蒸发器（南京大卫设备仪器有限公司）,水循环真空泵,三用紫外分析仪,X-4 显微熔点测定仪、电子天平（中国凯丰集团）。

2. 试剂

水杨醛（AR）,米氏酸（AR）,无水乙醇（AR）,乙酸乙酯（AR）,石油醚（AR）,氘代氯仿（CDCl$_3$）（D, 99.8%, TMS 作内标）,硅胶（300～400 目,200～300 目）。

实验步骤

在通风橱中,依次将水杨醛(2 mmol,244 mg),米氏酸(2 mmol,288 mg),无水乙醇(8 mL)加入 50 mL 圆底烧瓶中,搭建加热回流装置。随后将反应体系的温度保持在 80 ℃下,反应进行,观察反应体系颜色变化及实验现象。

反应进行 1.5 h 后,利用薄层色谱对反应进行分析。以石油醚与乙酸乙酯的混合溶剂(体积比为 6∶1)作流动相,广口瓶作层析缸。确定水杨醛、米氏酸和产物的 R_f 值。每间隔一定时间重复上述薄层色谱实验,以监控反应进行的程度,直到水杨醛或米氏酸在反应混合物中消失。

反应结束后停止加热回流,反应液冷却至室温,经旋转蒸发仪旋干,随后用预先配制的石油醚和乙酸乙酯(体积比为 30∶1)的混合溶剂洗涤所得固体 2~3 次,即可得到纯度较高的白色固体,干燥、称重,测定产物的熔点。并以 CDCl₃ 作溶剂,以 TMS 作内标,进一步进行核磁表征。

提示 如果洗涤后所得产物经薄层色谱检测发现仍有少量水杨醛或米氏酸存在,可采用柱层析方式进一步纯化。将所得固体粗产物用少量乙酸乙酯溶解,加入 200~300 目的硅胶,经旋转蒸发仪旋干,以 300~400 目的硅胶为固定相,干法装柱。预先配制石油醚与乙酸乙酯体积比为 1∶1 的淋洗剂,在色谱柱中倒入淋洗剂,进行柱层析分离提纯,旋转蒸发即可得到白色固体产物。

 结果与讨论

将实验结果记录于表 18.1 中。

表 18.1 实验结果

		颜色与状态	熔点/℃	产量/mg	产率
香豆素-3-羧酸	文献值	白色固体	190~191	304	80%
	实测值				

测试产物香豆素-3-羧酸的核磁共振氢谱和碳谱,见图 18.1 和图 18.2。具体数据如下:

¹H NMR(400 MHz,CDCl₃)δ(×10⁻⁶,后面列数据时,不再特别标明):12.26(brs,1H),8.97(s,1H),7.83~7.78(m,2H),7.51(t,J = 8.0 Hz,2H)。

¹³C NMR(100 MHz,CDCl₃)δ:164.0,162.4,154.5,151.5,135.8,130.5,126.2,118.4,117.2,114.8。

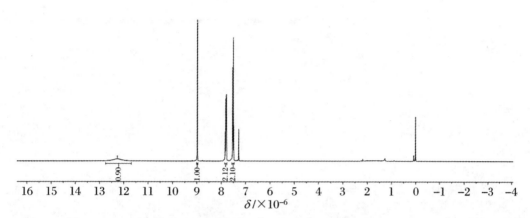

图 18.1　香豆素-3-羧酸的核磁共振氢谱

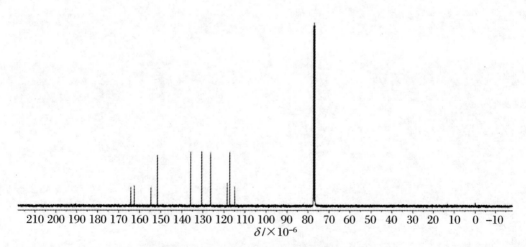

图 18.2　香豆素-3-羧酸的核磁共振碳谱

 思考题

（1）利用薄层色谱法跟踪反应时，如何确定反应是否发生及其进行的程度？

（2）利用乙酸乙酯和石油醚的混合溶剂洗涤产物，主要是为了除去哪些杂质？

（何心伟）

实验 19　1,4-二氢吡啶衍生物及芳构化产物的合成及表征

 实验目的

(1) 学习 Hantzsch 法合成 1,4-二氢吡啶化合物的原理。

(2) 了解 1,4-二氢吡啶(Hantzsch 酯)的用途和衍生物的合成设计。

(3) 学习绿色合成方法及其在有机合成中的应用。

(4) 熟练掌握加热回流、薄层色谱法跟踪反应等操作,熟悉有机化合物纯化及表征方法。

实验原理

1,4-二氢吡啶及其衍生物在自然界中普遍存在,被广泛应用在一些抗肿瘤、抗突变、抗糖尿病的药物中。近年来,1,4-二氢吡啶在有机化学领域也有了新的应用——作为氢源,它可代替氢气,将含有 C＝C、C＝N、C＝O 双键的有机化合物还原(但有可能需要合适的催化剂进行催化)。1,4-二氢吡啶衍生物的合成通常采用 Hantzsch 法。1882 年,德国化学家 Arthur Hantzsch 发现,乙酰乙酸乙酯、苯甲醛与氨发生多组分反应,生成了对称的缩合产物 2,6-二甲基-4-苯基-1,4-二氢吡啶-3,5-二甲酸二乙酯。Hantzsch 吡啶合成法在药物合成中有着广泛的应用,尤其是在合成心脑血管药物(钙拮抗剂,calcium antagonists)方面,出现了硝苯地平(图 19.1(a))、尼莫地平(图 19.1(b))、尼卡地平(图 19.1(c))、非洛地平以及其他同类型化合物。

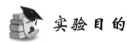

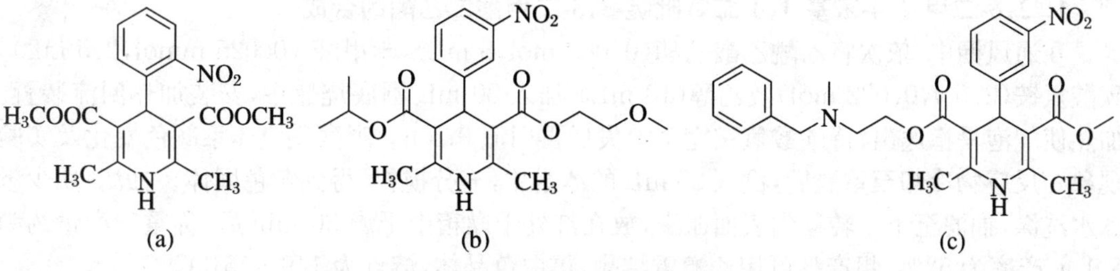

图 19.1　化合物结构

Hantzsch 法最初的产物是二氢吡啶类化合物,二氢吡啶接下来再被氧化,可得吡啶衍生物。常用氧化剂为硝酸、亚硝酸或铁氰化钾、三氯化铁,氧化反应的推动力是有芳香性的吡啶环的生成。本实验用碳酸氢铵为氮源,溴化铜为氧化剂,避免了 NH_3 及 NO_2 对环境的污染。

本实验的反应如下式所示：

EtO₂C—C(=O)—CH₃ + PhCHO + NH₃ + CH₃—C(=O)—CH₂—CO₂Et → 2,6-二甲基-4-苯基-1,4-二氢吡啶-3,5-二甲酸二乙酯

EtO₂C—...—CO₂Et (1,4-二氢吡啶) →[CuBr₂] EtO₂C—...—CO₂Et (吡啶)

仪器与试剂

1. 仪器

圆底烧瓶（50 mL，100 mL），量筒（10 mL，50 mL），防溅瓶（100 mL），茄形瓶（100 mL），储液球（250 mL），球形冷凝管（300 mm），色谱柱，玻璃棒，薄层色谱硅胶板，点样毛细管，NMR 样品管（直径为 5 mm，长度为 20 cm），磁力搅拌器，玻璃漏斗，滴管，抽气头，层析缸，调压器，电热套，铁架台。

Bruker 公司的 AV400 型核磁共振仪（以 CDCl₃ 作溶剂，以 TMS 作内标），旋转蒸发仪，水循环真空泵，三用紫外分析仪，X-4 显微熔点测定仪，电子天平等。

2. 试剂

苯甲醛（新蒸），乙酰乙酸乙酯，碳酸氢铵，溴化铜，乙醇，乙酸乙酯，氯仿，乙醚，石油醚，盐酸（2 mol·L⁻¹），碳酸氢钠，环戊烷，无水硫酸钠，氘代氯仿（99.8%，TMS 作内标），硅胶（200～300 目）等。

实验步骤

1. 2,6-二甲基-4-苯基-1,4-二氢吡啶-3,5-二甲酸二乙酯的合成

在通风橱中，依次将乙酰乙酸乙酯（0.063 mol，8 mL），苯甲醛（0.025 mmol，2.5 mL），碳酸氢铵（2.5 g，0.032 mol）及乙醇（10 mL）加入 50 mL 圆底烧瓶中，安装加热回流装置。加热使气泡平稳逸出，待碳酸氢铵完全消失后再回流 0.5 h。观察反应体系颜色变化及实验现象。反应物冷却至室温后，倒入 25 mL 的冰水中，充分搅拌，得到黄色固体。抽滤，用少量冰水洗涤，抽滤至干。转移到表面皿中，放在红外干燥箱中干燥 30 min 后，称重。产量约为 5.1 g，产率为 62%，粗产品可用乙醇重结晶，得白色晶体，熔点为 149～151 ℃。

2. 2,6-二甲基-4-苯基吡啶-3,5-二甲酸二乙酯的合成

在通风橱里，向干燥的 50 mL 圆底烧瓶中加入 2,6-二甲基-4-苯基-3,5-二乙氧羰基-1,4-二氢吡啶（2.0 g，6 mmol），溴化铜（1.61 g，7.2 mmol）及乙酸乙酯和氯仿的混合溶剂（20 mL，体积比为 1:1）。放入磁力搅拌子，加热回流。

反应进行 40 min 后，利用薄层色谱对反应进行分析。使用 3 cm×8 cm 硅胶 G 薄层板，

以石油醚与乙酸乙酯混合溶剂(体积比为 6∶1)作流动相,广口瓶作层析缸,做反应混合物和 2,6-二甲基-4-苯基-3,5-二乙氧羰基-1,4-二氢吡啶的薄层色谱,以监控反应进行的程度。每间隔 10 min 重复上述薄层色谱实验,直到 2,6-二甲基-4-苯基-3,5-二乙氧羰基-1,4-二氢吡啶在反应混合物中消失。

反应结束后停止加热回流,反应混合物用冰水浴充分冷却,过滤。用少量氯仿淋洗。滤液经无水硫酸钠干燥后,用旋转蒸发仪旋干。往烧瓶中加入 20 mL 饱和食盐水,然后用乙醚萃取 3 次,每次 20 mL。合并乙醚溶液,用 50 mL 2 mol·L^{-1} 盐酸萃取 2 次,分出水相,用碳酸氢钠中和(pH 为 6～7),有沉淀析出。抽滤,收集固体,干燥,得粗品。粗品用环己烷重结晶,得到淡黄色针状结晶。产量约为 1.2 g,产率为 60%,熔点为 60～61 ℃。或用快速柱层析分离得到针状晶体。并以 CDCl$_3$ 作溶剂,以 TMS 作内标,进一步进行核磁表征。

注意事项

(1) 使用前乙酰乙酸乙酯要蒸馏,沸点为 75～76 ℃/2.40 kPa(18 mmHg);苯甲醛也要纯化。
(2) 蒸发乙醚时温度不能过高。

思考题

(1) 写出 Hantzsch 酯合成的反应机理。
(2) 为什么用碳酸氢钠将 pH 调节到 6～7?
(3) 查阅最新文献,采用绿色合成方法合成 Hantzsch 酯。
(4) 图 19.2 是产物的 ^{1}H NMR(CDCl$_3$ 作溶剂,TMS 作内标,仪器频率为 400 MHz),指出图中主要峰的归属,并计算 a,c 峰耦合常数。

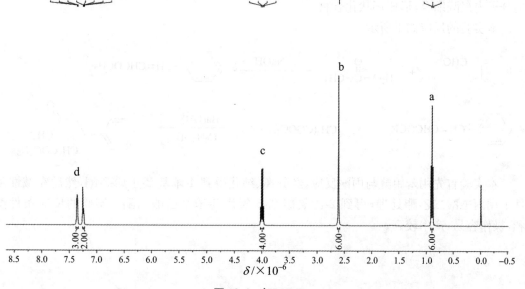

图 19.2　^{1}H NMR

(张　武　郝二红)

实验 20　2-乙氧羰基-5-氧代-3-苯基己酸乙酯的合成

实验目的

（1）掌握 aldol 缩合反应的机理及其在有机合成中的应用。

（2）掌握 Michael 加成反应在有机合成中的应用。

（3）熟练掌握加热回流、柱层析等操作，熟悉有机化合物纯化及表征方法。

实验原理

羰基化合物的各种缩合反应以及 Michael 加成反应在有机合成中有重要的应用。通过这些反应，可以合成许多有用的有机化合物。例如，Robinson 成环就是经 Michael 加成及分子内 aldol 缩合反应而成的。一般来说，aldol 缩合可以合成 1,3-二官能团化合物，而 Michael 加成则提供了 1,5-二羰基化合物的合成方法。通常 aldol 缩合反应需要使用合适的底物（反应中只产生一种烯醇负离子）以及合适的碱以减少副反应，提高产率。而 Michael 加成反应中可使用的亲核试剂多种多样。产生的碳负离子是一种具有优良反应性的亲核试剂，可以顺利地与 α,β-不饱和羰基化合物发生 Michael 加成反应，所得加成产物可进一步发生分子内羟醛缩合，形成环状化合物。

本实验的反应如下所示：

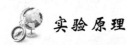

本实验首先用苯甲醛与丙酮反应，经分离、纯化得到 4-苯基-3-丁烯-2-酮，然后在碱性条件下用丙二酸二乙酯处理，得到 2-乙氧羰基-5-氧代-3-苯基己酸乙酯。实验的反应条件温和，操作容易，产率较高。

仪器与试剂

1. 仪器
三口烧瓶,圆底烧瓶,球形冷凝管,恒压滴液漏斗,分液漏斗,调压器,电加热套,磁力搅拌器,色谱柱,防溅瓶(100 mL),茄形瓶(100 mL),储液球(250 mL)。

水循环真空泵,旋转蒸发仪,X-4 显微熔点测定仪,电子天平,Bruker 公司的 AV400 型核磁共振仪(以 $CDCl_3$ 作溶剂,以 TMS 作内标),气相色谱仪等。

2. 试剂
苯甲醛,丙酮,丙二酸二乙酯,氢氧化钡,盐酸,无水硫酸镁,无水乙醇,乙醚,氘代氯仿(99.8%,TMS 作内标),硅胶(200~300 目)等。

实验步骤

1. 4-苯基-3-丁烯-2-酮的制备
在 100 mL 三口烧瓶中安装温度计、球形冷凝管和恒压滴液漏斗。往三口烧瓶中加 10.6 g(0.1 mol,10 mL)新蒸苯甲醛和 20 mL 丙酮(0.28 mol)。开动磁力搅拌器,由恒压滴液漏斗缓慢滴加 2.5 mL 10%的氢氧化钠溶液,控制反应温度为 25~30 ℃(必要时可用冷水冷却)。滴加完碱溶液后,在室温下继续搅拌 2 h。反应结束后,滴加 10%盐酸使反应溶液呈中性(用 pH 试纸测试)。用分液漏斗分出有机层(收集),水层用 10 mL 乙酸乙酯萃取,合并有机层,用无水硫酸镁干燥。滤去干燥剂后,用旋转蒸发仪除去乙酸乙酯等有机溶剂,残留物经减压蒸馏收集,138~141 ℃/2.1 kPa 下馏分为产物 4-苯基-3-丁烯-2-酮。对产物进行称量,并计算产率。

测定产物红外光谱,指出主要吸收带的归属。

2. 2-乙氧羰基-5-氧代-3-苯基己酸乙酯
往 100 mL 圆底烧瓶中加入 4-苯基-3-丁烯-2-酮 1.46 g(10 mmol)、丙二酸二乙酯 1.60 g(10 mmol)和无水乙醇 40 mL,再加入活化的氢氧化钡 2 g。混合物在室温下激烈搅拌 24 h。

反应结束后,蒸去大部分乙醇,残留物用约 15 mL 水溶解,用盐酸调节 pH = 7。将混合溶液转移到分液漏斗中,用乙醚萃取 2 次(2×25 mL)。合并有机层,用无水硫酸镁干燥。滤去干燥剂后,用旋转蒸发仪除去溶剂,得到粗产物 2-乙氧羰基-5-氧代-3-苯基己酸乙酯。称量,取少量样品用气相色谱测定含量,并计算产率。

粗产物经硅胶柱层析分离(洗脱剂为 $V_{乙酸乙酯} : V_{石油醚} = 1 : 10$)可得到纯产物。测定纯产物的 ^{1}H NMR 谱图,指出各吸收峰的归属。

思考题

(1) 利用 aldol 反应制备有机化合物需要注意什么问题?

(2) 利用本实验最后的产物可以进一步制备哪些化合物?举一两个例子加以说明。

(3) 查阅相关文献,了解脯氨酸催化的不对称 aldol 反应。

(张 武 郝二红)

实验 21 1,2-二苯乙烯的合成

 **实验目的**

(1) 了解维蒂希(Wittig)反应制备烯烃的原理和方法。
(2) 巩固加热回流、抽滤、萃取以及重结晶等基本操作。

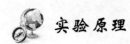 **实验原理**

维蒂希反应是醛酮与磷叶立德试剂作用生成烯烃的反应,是在分子内引入双键的一种重要方法,该反应条件温和,产率高,且在形成烯键时主要得到反式异构体,同时也可以用来合成一些对酸敏感的烯烃和共轭烯烃。这是一个非常有价值的合成方法,因此维蒂希获得了 1979 年诺贝尔化学奖。在反应中磷叶立德试剂带负电的碳亲核进攻羰基碳原子,首先生成不稳定的四元环状化合物,然后四元环状化合物迅速分解成烯烃和三苯氧膦:

$$(C_6H_5)_3P-\overset{+}{\underset{\cdot\cdot}{C}}R_2 + \overset{R'}{\underset{R'}{}}C=O \longrightarrow \left[\overset{(C_6H_5)_3^+P-CR_2}{\underset{O^--CRR'}{|}} \longleftrightarrow \overset{(C_6H_5)_3P-CR_2}{\underset{O^--CRR'}{|}} \right]$$

$$\longrightarrow (C_6H_5)_3P = O + R_2C = CRR'$$

本实验通过苄氯与三苯基膦作用,生成氯化苄基三苯基鏻,再在碱存在下与苯甲醛作用,制备 1,2-二苯乙烯。第二步是两相反应,季鏻盐起相转移催化剂和试剂的作用,反应可顺利进行,具有操作简便、反应时间短等优点。反应过程如下:

$$(C_6H_5)_3P + ClCH_2C_6H_5 \xrightarrow{\triangle} (C_5H_5)_3P^+ \ CH_2C_6H_5Cl^- \xrightarrow{NaOH}$$

$$(C_6H_5)_3P = CHC_6H_5 \xrightarrow{C_6H_5CH = O} C_6H_5CH = CHC_6H_5 + (C_6H_5)_3PO$$

维蒂希反应得到顺反异构体的混合物。顺式烯烃为液体,极性大;反式烯烃为固体,极性小。通过在乙醇中析晶处理,得到反-1,2-二苯乙烯,其为白色结晶,熔点为 124～125 ℃。反-1,2-二苯乙烯易溶于乙醚和苯,溶于热乙醇,微溶于冷乙醇,不溶于水。可用作闪烁试剂、荧光增白剂,也可用于染料的合成。

1958 年,霍纳对维蒂希反应进行了改进,用磷酸酯与磷酰胺作为维蒂希试剂,改进后的反应称为维蒂希-霍纳(Wittig-Horner)反应。

仪器与试剂

1. 仪器

圆底烧瓶（50 mL），三口烧瓶（100 mL），球形冷凝管（300 mm），干燥管，恒压滴液漏斗，量筒（10 mL，50 mL），玻璃棒，NMR 样品管（直径为 5 mm，长度为 20 cm），磁力搅拌器，布氏漏斗，抽滤瓶，分液漏斗，滴管，调压器，电热套，铁架台。

Bruker 公司的 AV400 型核磁共振仪，RE-52A 型旋转蒸发器，水循环真空泵，三用紫外分析仪，X-4 显微熔点测定仪，电子天平。

2. 试剂

三苯基膦，苄氯，氯仿，二甲苯，苯甲醛，二氯甲烷，乙醚，95%乙醇，50%氢氧化钠溶液，无水硫酸镁，氘代氯仿（99.8%，TMS 作内标）。

 实验步骤

1. 氯化苄基三苯基鏻的制备

在圆底烧瓶中加入苄氯（3 g）、三苯基膦（6.2 g）和氯仿（20 mL），装上带有无水氯化钙干燥管的回流冷凝管，水浴加热回流 2～3 h。反应结束后改为蒸馏装置，蒸出氯仿。然后加入二甲苯（5 mL），充分振摇混合，抽滤，用少量二甲苯洗涤，110 ℃干燥，得到无色晶体（熔点为 310～312 ℃），置于干燥器中备用。

2. 反-1,2-二苯乙烯的合成

在 100 mL 三口烧瓶中，加入 5.8 g 氯化苄基三苯基鏻、1.6 g 苯甲醛和 10 mL 二氯甲烷，装上回流冷凝管，在磁力搅拌器的充分搅拌下，用恒压滴液漏斗滴加入 7.5 mL 50%氢氧化钠水溶液，约 15 min 滴完，继续搅拌 0.5 h。

将反应混合物转移到分液滤斗中，加入 10 mL 水和 10 mL 乙醚，振摇后分出有机层，水层每次用乙醚 10 mL 萃取 2 次。合并有机层和乙醚萃取液，用 10 mL 水洗涤 3 次，然后用无水硫酸镁干燥。滤去干燥剂，在旋转蒸发仪上蒸去乙醚，剩余物用 95%乙醇（约 10 mL）加热溶解，冷却至室温后用冰浴冷却，析出结晶，抽滤。用甲醇-水重结晶，干燥，称重，计算产率。

3. 鉴定与表征

测定产品的熔点、红外光谱及 NMR 谱（以 CDCl₃ 作溶剂，以 TMS 作内标）并与标准数据及谱图进行对照。

 注意事项

（1）苄氯具有强烈的刺激作用，其蒸气对眼睛有伤害，操作应小心。如不慎沾在手上，应用水冲洗后再用肥皂擦洗。

（2）有机膦化合物通常是有毒的，操作时应注意。转移时切勿洒落在瓶外，如与皮肤接触，应立即用肥皂擦洗。

（3）使用前苯甲醛需蒸馏纯化，否则苯甲酸会大大影响反应产率。

 **思考题**

（1）利用维蒂希反应，设计合成 1，4-二苯基-1，3-丁二烯。

（2）三苯亚甲基膦能与水反应，而三苯亚苄基膦在水存在下可与苯甲醛反应，并主要生成烯烃，试比较二者的亲核活性并从结构上加以说明。

（3）三苯基膦可以将环氧化合物转化为烯烃，如

$$C_6H_5CH \overset{\displaystyle O}{\overline{\diagup\diagdown}} CHCH_3 + (C_6H_5)_3P \longrightarrow C_6H_5CH = CHCH_3 + (C_6H_5)_3PO$$

提出该反应可能的机理。

（张　武　郝二红）

实验 22　水相钯催化铃木偶联反应

 实验目的

(1) 了解并掌握铃木(Suzuki)偶联反应制备联苯类化合物的原理和方法。

(2) 巩固薄层色谱法跟踪反应、萃取以及柱层析等基本操作。

(3) 了解水相有机合成,增强绿色化学理念。

 实验原理

钯配合物催化剂作用下芳基或烯基硼酸/硼酸酯与氯、溴或碘代芳烃以及烯烃的交叉偶联反应称为铃木偶联反应,也称为铃木反应或铃木-宫浦反应(Suzuki-Miyaura 反应)。该反应由铃木彰(Akira Suzuki)教授于 1981 年首先报道,其在有机合成中的应用广泛。由于采用了硼试剂,反应具有较强的底物适应性以及官能团容忍性,常用于合成多烯烃、苯乙烯和联芳基化合物,从而应用于众多天然产物、有机材料的合成中。美国科学家理查德·赫克(Richard F. Heck)、日本科学家根岸英一(Ei-ichi Negishi)和铃木彰因研发"有机合成中的钯催化交叉偶联"而获得 2010 年诺贝尔化学奖。

两芳基偶联反应的基本反应可以表示为

$$ArB(OH)_2 + Ar'—X \xrightarrow{Pd(PPh_3)_4,碱(MB)} Ar—Ar', X = Cl,Br,I,OTf$$

目前普遍认为该反应的催化循环过程经历了氧化加成、配体交换、转金属化以及还原消除四个阶段(图 22.1)。

本实验采用 H_2O/PEG 2000 为溶剂,无需添加膦配体,可以快速高效地完成铃木偶联反应,条件温和,方法简单,容易操作,避免了对环境有害的有机溶剂的使用。且 $Pd(OAc)_2$/H_2O/PEG 2000 催化体系可多次循环使用,提高了催化效率,降低了反应成本,实现了联苯化合物的绿色合成。实验的反应如下:

$$\begin{array}{c} \text{I} + \text{B(OH)}_2 \xrightarrow[\text{H}_2\text{O(3 g),PEG 2000(3.5 g),50 ℃,0.5 h}]{\text{Pd(OAc)}_2(1 \text{ mol\%}^{①}),\text{Na}_2\text{CO}_3(2 \text{ mmol})} \end{array}$$

1 mmol　　　1.5 mmol

---

① mol%指的是摩尔分数。

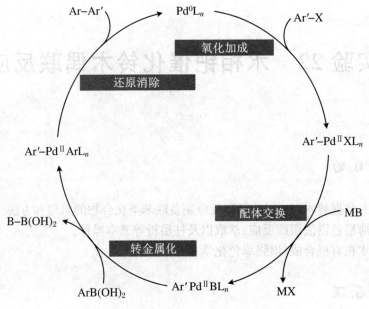

图 22.1 铃木偶联反应的催化循环过程

 仪器与试剂

1. 仪器

圆底烧瓶,烧杯,锥形瓶,分液漏斗,电子台秤,磁力搅拌器,加热套,循环水真空泵,色谱缸,色谱柱,硅胶板 GF254,不锈钢镊子,旋转蒸发仪,三用紫外分析仪,球形冷凝管,核磁共振仪。

2. 试剂

乙酸钯($Pd(OAc)_2$),碘苯,苯硼酸,碳酸钠(Na_2CO_3),水,PEG 2000,石油醚(60～90 ℃),d-氯仿,乙酸乙酯,正己烷,饱和食盐水,无水硫酸钠(Na_2SO_4),硅胶(200～300 目),石英砂。

 实验步骤

1. 水相钯催化铃木偶联反应合成联苯

在 25 mL 圆底烧瓶中加入 Na_2CO_3(0.212 g, 2 mmol),$Pd(OAc)_2$(2 mg, 1 mol%),PEG 2000(3.5 g)以及水(3 g),搅拌条件下加热至 50 ℃。然后,将碘苯(0.2 g, 1 mmol)和苯硼酸(0.18 g, 1.5 mmol)加入上述溶液中,并继续加热搅拌,反应 0.5 h,在此期间采用薄层色谱法监测反应进度。反应结束后,冷却至室温,反应液用乙酸乙酯萃取(4×15 mL),合并有机相,用食盐水洗后用无水硫酸钠干燥。最后,利用旋转蒸发仪将乙酸乙酯除去,可得粗产品。

2. 联苯产物纯化和鉴定

将上述所得粗产品吸附在填充有硅胶的色谱柱上,利用洗脱剂($V_{石油醚}$: $V_{乙酸乙酯}$ = 100 : 1)获得目标产物溶液,用旋转蒸发仪除去溶剂,计算产率。最后,用核磁共振氢谱鉴定化合物。

结果与讨论

将实验结果记录于表 22.1 中。

表 22.1　实验结果

		颜色与状态	产量/mg	产率
联苯	文献值	白色固体	152.46	99%
	实测值			

思考题

(1) 试推测碘苯、溴苯以及氯苯在铃木偶联反应中的活性顺序。
(2) 推测联苯产物的核磁氢谱会有几组峰。

（张继坦　倪祁健）

实验 23　铜催化导向基团辅助的 C—H 键酰氧化反应

 实验目的

（1）了解有机合成前沿领域 C—H 键活化。

（2）巩固加热回流、TLC 跟踪反应、萃取、过滤、干燥、柱层析、旋转蒸发等基本实验操作。

（3）培养学生的创新能力和科研思维。

实验原理

酯作为有机化学中重要的结构单元，广泛存在于医药、农药和生物体内。传统合成酯的方法多是在酸的催化下，羧酸及其衍生物与醇进行酯化反应。然而，浓硫酸具有腐蚀性，易使有机物碳化，且选择性差，酯化反应可逆，产率低。特别是对于复杂分子或是特定位置酯键的构建，传统的方法往往显得力所不及。

近年来化学家发展了过渡金属催化 C—H 键活化来构建碳氧键生成酯的方法。通过 C—H 键活化合成目标产物，一方面可以省去预先官能团化，缩短反应时间，节约成本；另一方面，也可以减少中间废弃产物的排放处理，步骤简单和具有原子经济性，符合绿色化学要求。但 C—H 键的键能大，极性小，一般在反应中活性较低，且反应物中有多个键能相近的 C—H 键，区域选择性较差。为了解决这些问题，科研工作者们做了大量工作，主要有三种途径：① 选择 Ru、Rh、Pd 等贵金属催化活化 C—H 键；② 利用多种不同的氧化剂，如 PhI(OAc)$_2$、Ag$_2$CO$_3$ 等通过产生高氧化态金属中间体来实现转化；③ 通过引入导向基团或杂原子与过渡金属中心配位形成稳定的五元、六元环金属中间体，实现目标 C—H 键的选择性活化。与传统方法相比，导向基团辅助，过渡金属催化 C—H 键的直接酰氧化的方法简单快捷，原子利用率高，并且底物适用范围广。

随着地球资源逐渐减少、环境污染日益严重，人们对催化剂的经济性、可持续性、环境友好等方面提出了要求。近些年来，研究者们把目光投向第一过渡系金属。铜因其自身结构的特殊性获得了广泛关注，它价廉易得，在 C—H 键活化构建 C—C 键和 C—X 键上具有高效性、经济性和环境友好性。

本实验是在吡啶单齿导向基团辅助下，利用铜盐催化 2-苯基吡啶与芳香羧酸反应，得到 2-苯基吡啶邻位 C(sp^2)—H 键的酰氧化产物。反应式如下：

実際反応时,可能会生成少量双取代副产物:

本实验主要介绍了一种新的合成酯的方法,不同于传统的酯化反应,而是采用单齿配体导向铜催化 C—H 键活化的方法,原子经济性高,区域选择性强。用氧气代替常用的碳酸银和 PIDA 作为氧化剂,用 Cu 代替 Ru、Rh、Pd 等贵金属作为催化剂,不仅节约原料,降低反应成本,而且更符合绿色化学的要求,在实际生产中有很重要的意义。

仪器与试剂

1. 仪器

三口烧瓶(50 mL),分液漏斗(60 mL),锥形瓶(50 mL,100 mL),烧杯(250 mL),量筒(10 mL,100 mL),防溅瓶(100 mL),茄形瓶(100 mL),储液球(250 mL),球形冷凝管(300 mm),色谱柱,玻璃棒,薄层色谱硅胶板,点样毛细管,NMR 样品管(直径为 5 mm,长度为 20 cm),玻璃漏斗,滴管,抽气头,层析缸,调压器,电热套,铁架台。

Bruker 公司的 AV400 型核磁共振仪(以 CDCl$_3$ 作溶剂,以 TMS 作内标),旋转蒸发仪,三用紫外分析仪,X-4 显微熔点测定仪,电子天平。

2. 试剂

2-苯基吡啶(AR),苯甲酸(AR),溴化亚铜(AR),氯苯(AR),无水硫酸钠(AR),饱和碳酸氢钠溶液,乙酸乙酯(AR),石油醚(AR),硅胶(300~400 目,200~300 目)。

实验步骤

在通风橱中,依次将 2-苯基吡啶(300 mg)、苯甲酸(380 mg)、溴化亚铜(30 mg)、氯苯 8 mL 加入 50 mL 三口烧瓶中,搭建加热回流装置,冷凝管顶端加氧气球。保持反应温度在 120 ℃,观察反应物颜色变化。

反应进行 2 h 后,做反应混合物和 2-苯基吡啶的薄层色谱。以石油醚与乙酸乙酯混合溶剂(体积比为 4:1)作流动相,广口瓶作层析缸。确定 2-苯基吡啶和产物的 R_f 值。每间隔一定时间重复上述薄层色谱实验,以监控反应进行的程度,直到 2-苯基吡啶在反应混合物中消失。

反应结束后停止加热回流,待反应溶液冷却至室温,加入适量饱和碳酸氢钠溶液洗涤,并用乙酸乙酯萃取(3×10 mL)，用无水硫酸钠干燥萃取得到的反应溶液，30 min 后过滤，所得滤液加入 200～300 目的硅胶，经旋转蒸发仪旋干，以 300～400 目的硅胶为固定相，干法装柱。事先配制石油醚与乙酸乙酯体积比为 12∶1 的淋洗剂，在色谱柱中倒入淋洗剂，进行柱层析分离提纯，旋转蒸发得到白色固体。

称量，测定产物的熔点，并以 CDCl$_3$ 作溶剂，以 TMS 作内标，进一步进行核磁表征。

 ## 结果与讨论

将实验结果记录于表 23.1 中。

表 23.1　实验结果

	颜色与状态	熔点/℃	产量/g	产率
文献值	白色结晶	91.7～92.5	0.28	50%
实测值				

测试产物的核磁共振氢谱和碳谱，见图 23.1 和图 23.2。具体数据如下：

^{1}H NMR (400 MHz, CDCl$_3$)δ：8.59 (d, J = 4.8 Hz, 1H)，8.01～8.07 (m, 2H)，7.78 (dd, J = 7.6, 1.6 Hz, 1H)，7.64～7.55 (m, 3H)，7.50～7.38 (m, 4H)，7.32～7.29 (m, 1H)，7.17～7.14 (m, 1H)。

^{13}C NMR (100 MHz, CDCl$_3$)δ：165.4, 155.7, 149.8, 148.4, 136.4, 133.6, 133.4, 131.1, 130.3, 129.9, 129.6, 128.7, 126.6, 123.9, 123.5, 122.3。

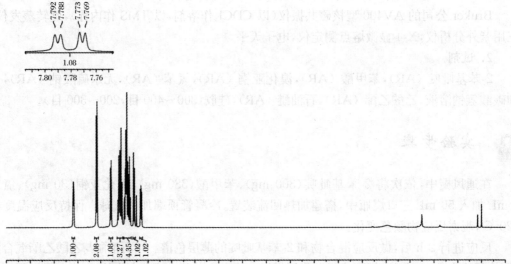

图 23.1　产物的核磁共振氢谱

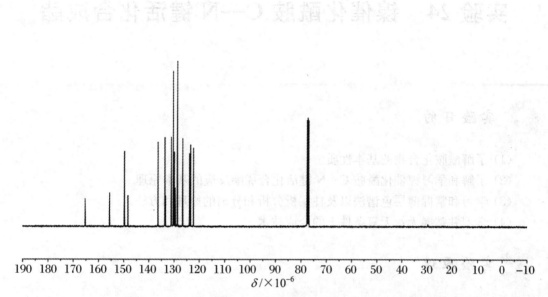

图 23.2　产物的核磁共振碳谱

（张　武　郝二红）

实验 24　镍催化酰胺 C—N 键活化合成酯

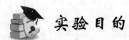

实验目的

（1）了解酰胺化合物的基本性质。
（2）了解和学习镍催化酰胺 C—N 键活化合成酯反应的基本原理。
（3）学习和掌握薄层色谱法以及柱层析分析和分离的原理和方法。
（4）学习并掌握无水无氧条件下的合成技术。

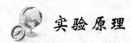

实验原理

　　酰胺是有机化学反应中非常常见的化合物之一，在化学合成、材料科学和制药工业等相关领域应用广泛。由于共振效应，酰胺羰基碳的亲电性较弱，同时 C—N 键具有部分双键特性，使得酰胺结构相对稳定，其转化往往需要一些苛刻的反应条件。而过渡金属催化偶联反应为酰胺 C—N 键在温和条件下活化和转化提供了新的方法，最常见的是钯催化和镍催化偶联反应（图 24.1）。相比钯催化偶联反应，镍催化剂更廉价易得，毒性更小，形成的镍-烷基物不易进行 β-氢消除，副反应较少，并且对于各类惰性碳氧键和碳碳键以及碳氮键的氧化加成反应具有更好的活性等，因而具有很好的发展前景。

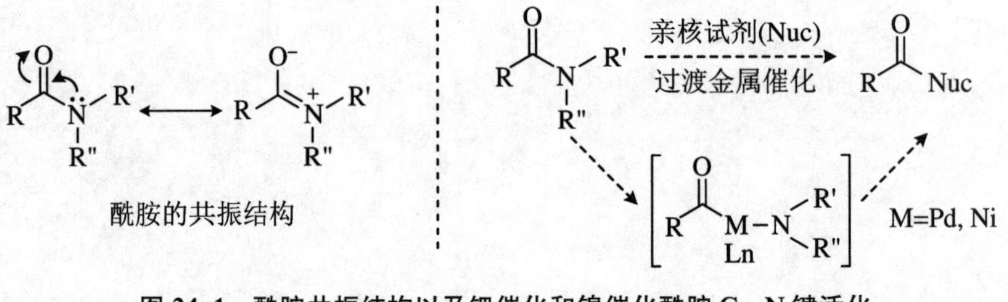

图 24.1　酰胺共振结构以及钯催化和镍催化酰胺 C—N 键活化

　　本实验采用镍催化剂和卡宾配体（SIPr）相结合的催化体系，在 110 ℃ 的反应温度下催化活化酰胺的 C—N 键，并与醇反应生成酯（图 24.2）。
　　对于该反应，推测催化反应机理如下（图 24.3）：
　　步骤 1：氧化加成——Ni(0) 配合物与酰胺反应插入酰胺 C—N 键并形成 Ni(Ⅱ) 中间体；
　　步骤 2：配体交换——醇取代了 Ni(Ⅱ) 配合物中的胺；
　　步骤 3：还原消除——C—O 键随着 Ni(0) 的再生而形成，完成催化循环。

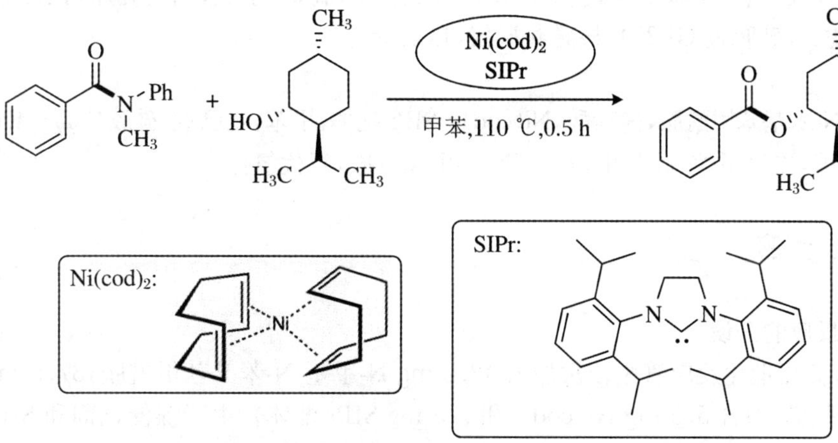

图 24.2 镍催化酰胺 C—N 键活化合成酯

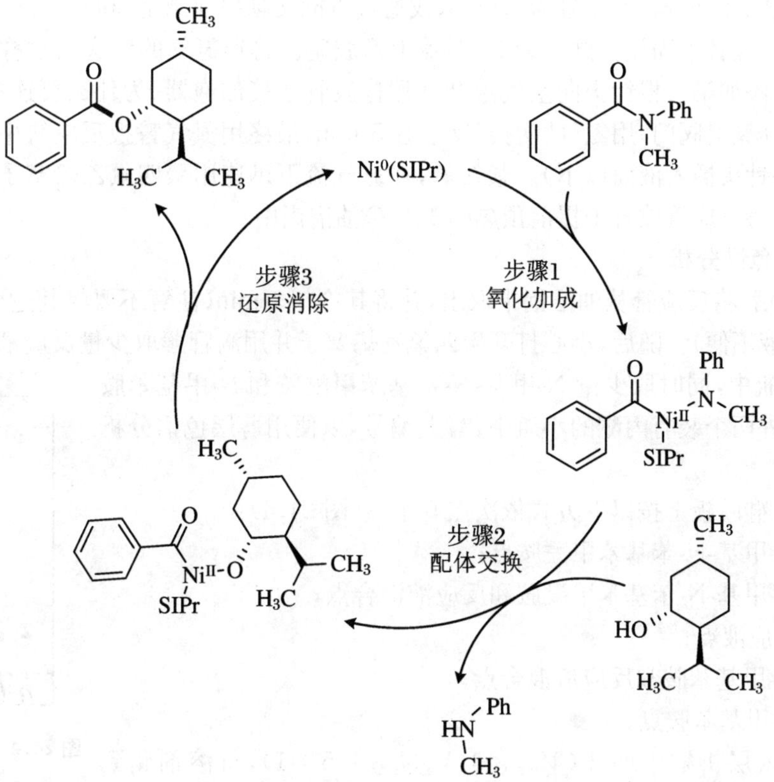

图 24.3 推测的催化反应机理

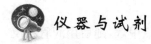

仪器与试剂

1. 仪器

高压催化反应管,电子台秤,称量勺,称量纸,氮气钢瓶,橡胶管,注射器,针头,聚四氟乙烯塞子,橡胶塞,油浴锅,磁力搅拌器,温控头,油泡器,毛细管,薄层色谱硅胶板,层析缸,紫外灯,旋转蒸发仪,循环水真空泵,色谱柱,试管,试管架,滴管,小瓶,圆底烧瓶,锥形瓶,核磁管,油泵,抽滤头,硅胶板 GF254,核磁共振仪,热烘枪。

2. 试剂

N-甲基-N-苯基苯甲酰胺,薄荷醇,Ni(cod)$_2$,SIPr 配体,甲苯,正己烷,硅胶(300~400 目),丙酮,乙酸乙酯,二氯甲烷,硅藻土,石英砂,N-甲基苯胺,氘代氯仿等。

 实验步骤

1. 催化反应的开设

在 5 mL 高压催化反应管中依次加入 42.2 mg N-甲基-N-苯基苯甲酰胺,37.5 mg 薄荷醇,一个石蜡胶囊(内含 5.5 mg Ni(cod)$_2$ 和 7.8 mg SIPr 配体)(由于镍催化剂和 SIPr 配体在空气环境中不稳定,需要在惰性气体保护下称量并加入反应,若将其密封于石蜡胶囊中,则可以在外界环境下操作,不需要使用手套箱惰性环境体系。该石蜡胶囊可购置于梯希爱化成工业发展有限公司,产品号为 B5418,或通过查阅文献提前制备)和 0.4 mL 甲苯。

随后将反应管牢固放在试管架上,并盖上橡胶塞。将连氮气的针头通过橡胶塞插入反应管中,然后添加第二根针头向空气敞开并用橡胶管连接油泡器(为什么要连接油泡器?),随后小心打开氮气阀门,用氮气"吹扫"反应管 5 min,最终用氮气替换反应管中的所有空气(注意不要将针头插入液面以下)。紧接着,在氮气流下迅速用聚四氟乙烯塞子替换橡胶塞并拧紧,最后将反应管放置于提前预热的 110 ℃ 油浴锅中。

2. 薄层色谱分析

30 min 后,将反应管从油浴锅中取出,并将其冷却 1 min(注意不要将其过分冷却,以免石蜡凝固取液不便)。随后,小心打开聚四氟乙烯塞子并用滴管蘸取少量反应液溶于装有少量丙酮的小瓶中,同时取少量 N-甲基-N-苯基苯甲酰胺和 N-甲基苯胺样品溶于另外两个装有丙酮的小瓶中,写上编号,以便用薄层色谱分析监测反应。

在 TLC 硅胶板上按以下方式依次点 5 个点(图 24.4):

点 a:N-甲基-N-苯基苯甲酰胺点;

点 b:N-甲基-N-苯基苯甲酰胺和反应液混合点;

点 c:反应液点;

点 d:N-甲基苯胺和反应液混合点;

点 e:N-甲基苯胺点。

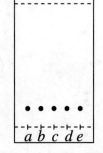

图 24.4　TLC 硅胶板上点 5 个点

随后放入层析缸中展开($V_{正己烷} : V_{乙酸乙酯} = 5 : 1$),待溶剂爬到 TLC 硅胶板上边缘处,取出并吹干溶剂,紧接着放在紫外灯下观察和分析,并用铅笔圈出所有点。

3. 反应处理

取 100 mL 圆底烧瓶并向其中加入 1.0 g 硅藻土和 5.0 mL 二氯甲烷,随后用滴管将反应液小心转移至圆底烧瓶并用二氯甲烷润洗反应管 3 次。转移完毕后将装有反应液和硅藻土的圆底烧瓶放在旋转蒸发器上,并将溶剂缓慢旋干,直到得到良好的粉末为止(注意旋转速度不可过快,要缓慢地减小压力,以免硅藻土混合物爆冲)。随后,取一个 500 mL 锥形瓶,混合正己烷和适量的 300~400 目硅胶,将其小心地倒入色谱柱中(注意硅胶具有严重的吸入危险,要始终在通风橱内处理,并佩戴口罩)。随后,打开色谱柱旋塞,将色谱柱中的溶剂滴入另一锥形瓶中,直到溶剂液位下降到刚好低于硅胶(也可以通过空气推动溶剂液来加速此步骤),关闭旋塞以停止正己烷继续流出。理想情况下,色谱柱内的硅胶高度应该为 12～15 cm。紧接着,将硅藻土和产物混合物粉末小心地加入色谱柱内并平铺于硅胶上,再在上面加入适量石英砂(目的是创造一个缓冲区,添加淋洗液时保护硅藻土样品和硅胶免受冲击)。随后,向色谱柱内加入 300 mL 淋洗液($V_{正己烷}$: $V_{乙酸乙酯} = 99 : 1$)来分离产物,最后收集所有含有目标产物馏分,旋干溶剂,并在干燥器中干燥,称重,计算产率。

通过核磁共振氢谱确定所得产物的结构和纯度。

注意事项

(1) 实验时要穿白大褂,佩戴安全眼镜和手套,所有操作要在通风橱中进行。
(2) 使用热烘枪时要远离易燃有机溶剂及药品。
(3) 有机溶剂使用后要分类倒入指定容器内。

结果与讨论

1. 实验结果
将实验结果记录于表 24.1 中。

表 24.1　实验结果

	颜色与状态	空瓶质量 /mg	总质量 /mg	产物质量 /mg	物质的量 /mmol	收率
产物						

2. 核磁谱图
测量所得产物的核磁氢谱并对照图 24.5。

3. 分析讨论
(1) 讨论为什么与传统的方法相比,该反应被认为是一种更温和的将酰胺转化为酯的方法。
(2) 通过对反应机理的了解,讨论镍催化偶联反应中镍价态的变化。
(3) 反应结束后,利用薄层色谱硅胶板对反应进行分析($V_{正己烷}$: $V_{乙酸乙酯} = 5 : 1$),讨论 TLC 硅胶板上爬升高度不同的 4 个点对应的化合物结构并分别计算比移值(R_f)。

思考题

(1) 解释向反应管中加入所有试剂和溶剂后用氮气吹扫的目的。
(2) 目前已知的过渡金属催化活化酰胺的反应仍有局限性:酰胺的氮上必须至少有一个吸电子基团(如苯基、叔丁氧基羰基、对甲苯磺酰基等)。解释吸电子基团在酰胺 C—N 键活化过程中的作用。

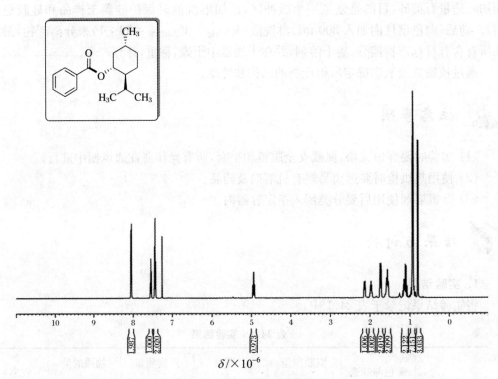

图 24.5　核磁共振氢谱

（3）根据所得产物收率，通过以下公式计算催化剂的催化效率（TON）：

TON = 反应底物的物质的量 × 转化率 / 催化剂的物质的量

（4）查阅文献，列举至少一例镍催化交叉偶联人名反应，并写出反应式。

（王　辉）

实验 25 光催化合成 3-酰化喹喔啉酮

 实验目的

(1) 了解光反应方法在有机合成上的应用。
(2) 学习、掌握光反应方法的基本操作。
(3) 学习运用薄层色谱法跟踪反应和使用柱层析分离有机化合物。

 实验原理

喹喔啉-2(1H)-酮类化合物是一类重要的含氮杂环单元,由于重要的化学和生物活性,它们在天然产物和药物分子等方面表现出很好的应用价值(图 25.1)。值得特别指出的是,多年来以喹喔啉-2(1H)-酮为反应起始物的合成工作基本集中在其 C3 官能团化的改造上,而这些纷繁多样的官能团衍生物的合成改造主要是通过自由基加成及随后的氧化机理来实现的。

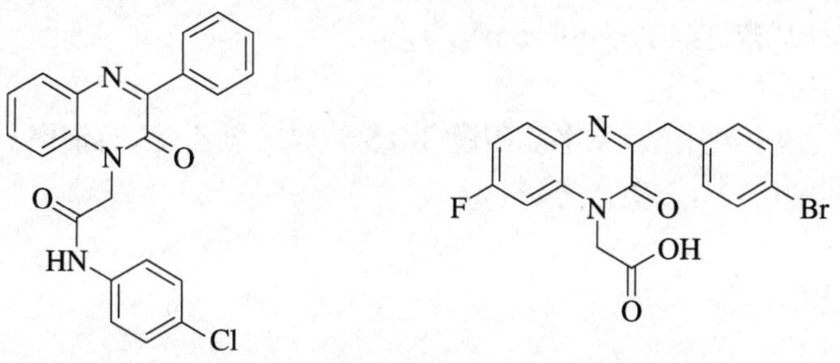

抗菌和抗肿瘤剂　　　　　　　　醛糖还原酶抑制剂

图 25.1　含喹喔啉酮结构的药物结构

自由基串联环化反应是构建复杂碳环、杂环的一种极其有价值的方法,显示出较高的原子及步骤经济性。随着近年来可见光催化有机合成的发展,将传统通过加热进行的化学转化转变成可见光诱导光化学转化过程,具有绿色、可持续性等明显优势。因此,发展光催化尤其是非均相催化合成新型杂环骨架的新方法是当代合成领域的重要研究方向。图 25.2 为喹喔啉酮化合物的合成路线。

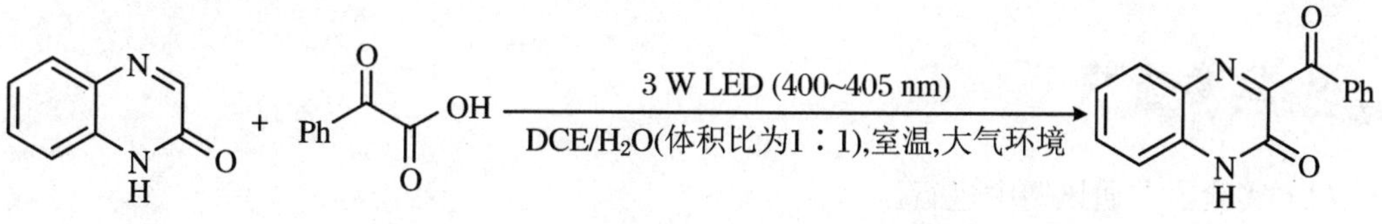

图 25.2　喹喔啉酮化合物的合成路线

本实验使用可见光催化的方法制备了 3-酰化喹喔啉酮,最后用柱层析分离即可得到目标产物。

可能的反应机理如下:

 仪器与试剂

1. 仪器

圆底烧瓶,烧杯,锥形瓶,量筒,试管,试管架,吸管,电子台秤,磁力搅拌器,循环水真空泵,色谱柱,层析缸,硅胶板 GF254,核磁共振仪,不锈钢镊子,分液漏斗,旋转蒸发仪,紫外-可见分光光度计,3 W 蓝灯(400~405 nm)。

2. 试剂

2-羟基喹喔啉,苯甲酰甲酸,无水硫酸镁($MgSO_4$),二氯乙烷,石油醚(60~90 ℃),乙酸乙酯,硅胶(200~300 目),石英砂等。

实验步骤

1. 3-酰化喹喔啉酮的合成

在 10 mL 圆底烧瓶中加入 0.146 g 2-羟基喹喔啉和 0.33 g 苯甲酰甲酸,然后加入 2.5 mL 水和 2.5 mL 二氯乙烷,圆底烧瓶放到 3 W 蓝灯下约 5 cm 处,室温搅拌。反应约 1 h。(怎么跟踪反应? 时间过长会有什么现象?)反应结束后,用乙酸乙酯进行萃取,有机相用食盐水洗后用无水硫酸镁干燥。

2. 3-酰化喹喔啉酮的分离和鉴定

将上述反应液旋干至 1 mL 左右,吸附在硅胶上用色谱柱得产物,旋干。计算产率。用核磁共振氢谱等鉴定化合物。

 注意事项

(1) 实验要在通风橱中进行。

(2) 实验中的废液要倒入指定回收瓶中。

结果与讨论

1. 实验结果

将实验结果记录于表 25.1 中。

表 25.1　实验结果

	颜色与状态	产量/mg	产率
3-酰化喹喔啉酮			

无色固体；熔点为 256～258 ℃；IR（KBr）ν（cm^{-1}）：1697，1664，1576，1530，1434，1326，1275。

测试产物的核磁共振氢谱和碳谱，如图 25.3 和图 25.4 所示。具体数据如下：

^{1}H NMR（400 MHz，DMSO）δ：12.88（s，1H），7.98（d，J_{H-H} = 7.0 Hz，2H），7.83（dd，J_{H-H} = 8.1 Hz，J_{H-H} = 1.1 Hz，1H），7.74（t，J_{H-H} = 7.4 Hz，1H），7.68～7.64（m，1H），7.58（t，J_{H-H} = 7.6 Hz，2H），7.42～7.36（m，2H）。

^{13}C NMR（100 MHz，DMSO）δ：192.9（C＝O），156.7（C＝O），153.8，135.1（CH），135.0，133.1，132.2（CH），131.6，130.1（CH），129.5（CH），129.4（CH），124.3（CH），116.3（CH）。

HRMS（ESI）m/z：calcd for C$_{15}$H$_{11}$N$_2$O$_2$［M＋H］$^+$ 251.0815，found 251.0816。

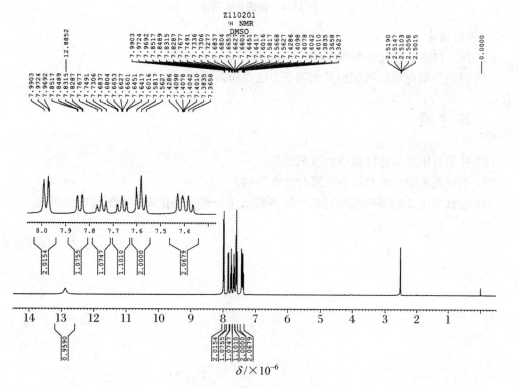

图 25.3　产物核磁共振氢谱

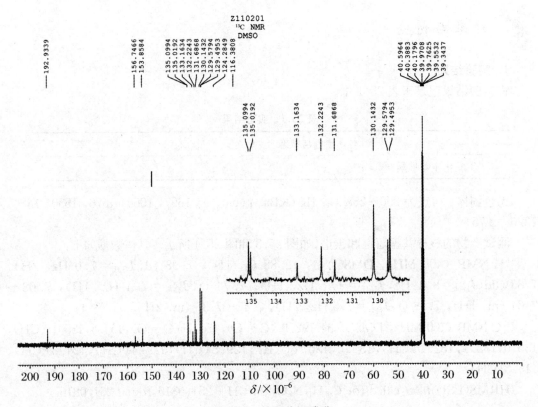

图 25.4　核磁共振碳谱

2. 分析讨论

(1) 深入讨论 3-酰化喹喔啉酮的应用价值。

(2) 讨论 3-酰化喹喔啉酮的其他制备方法及所需原料。

 思考题

(1) 柱层析中怎么选择相应的溶剂洗脱?

(2) 不同波长的灯源对反应结果有什么影响?

(3) 尝试写出 2-羟基喹喔啉与苯甲酰甲酸反应生成 3-酰化喹喔啉酮的反应机理。

（周能能）

实验 26　电化学氧化合成磺内酰胺

 实验目的

(1) 学习有机电化学合成原理,练习萃取、薄层色谱法、柱层析、旋转蒸发等有机合成基本操作。

(2) 运用显微熔点仪、核磁共振仪、高分辨质谱仪等对合成的化合物进行测定和表征。

(3) 锻炼文献查阅能力,根据相关文献和循环伏安曲线探究反应机理。

(4) 将科研内容设计成本科教学实验,培养学生科研兴趣,开拓学生学术视野。

 实验原理

磺内酰胺作为有机化学中重要的结构单元,被广泛应用于医药、农药与生物分子中,发展其高效的合成方法具有重要意义。

随着地球资源逐渐减少、环境污染日益严重,人们对化学实验的经济性、可持续性、环境友好性等方面提出了要求。近些年来,研究者们把目光投向光催化和电催化。有机电化学合成使用清洁的电子作为反应试剂,具有绿色高效、环境友好的特点。电化学合成是一种绿色环保的有机合成技术,电化学反应相比传统反应具有以下优点:

(1) 避免了化学氧化剂和金属催化剂的使用,减少了环境污染,符合绿色化学的要求。

(2) 可以通过改变电流或电压大小,改变反应体系的氧化还原能力,也可通过使用电源开关控制反应进程。

(3) 电化学反应条件温和,简单高效,易于操作,便于扩大规模,有巨大的应用潜力。

本实验是在电化学氧化下,利用 2-异丙烯基-N-苯基苯磺酰胺与碘化钠反应,以较高的原子利用率生成磺内酰胺。

基于文献报道,先以 2-溴苯磺酰氯和苯胺合成 2-溴-N-苯基苯磺酰胺,再用 2-溴-N-苯基苯磺酰胺和异丙烯基三氟硼酸钾在双(三苯基膦)氯化钯催化的条件下合成 2-异丙烯基-N-苯基苯磺酰胺。反应如下:

2-异丙烯基-N-苯基苯磺酰胺和碘化钠在电化学氧化条件下,可以发生自由基串联环化反应,生成磺内酰胺化合物。影响电化学反应的因素除一般的化学反应动力学涉及的压力、温度、时间、溶液组成、催化剂等外,还有电极电位、电流、电极材料、电解池等因素。以乙腈和水为混合溶剂,石墨棒电极分别作为阳极和阴极,在单室电解池中以恒电流模式电解,即可得到高产率的磺内酰胺化合物。此合成方法可在空气氛围中进行,具有很好的底物适用性。反应如下:

$$\text{反应式}$$

本实验涉及有机合成的前沿领域,不仅能够巩固学生的理论知识和提高操作技能,还有利于培养学生的创新能力和科研思维。

仪器与试剂

1. 仪器

二口烧瓶(50 mL),三口烧瓶(10 mL),分液漏斗(50 mL,125 mL),量筒(100 mL,25 mL),锥形瓶(100 mL,250 mL),防溅瓶(100 mL),茄形瓶(100 mL),薄层色谱硅胶板(25 mm×75 mm),点样毛细管,NMR 样品管(直径为 5 mm,长为 20 cm),广口瓶,玻璃漏斗,滴管,磁力搅拌器,铁架台,色谱柱(305 mm×32 mm)等。

RE-52A 型旋转蒸发仪(南京大卫设备仪器有限公司),ZF-I 型三用紫外分析仪,KRP-305DH 恒电位仪,X-4 显微熔点测定仪,电子天平(中国凯丰集团),上海辰华 CHI660E 型电化学工作站,Bruker 公司的 AV400 型核磁共振仪(以 CDCl₃ 作溶剂,以 TMS 作内标),Agilent 6200 LC/MS TOF 高分辨质谱仪(ESI 源)。

2. 试剂

2-溴苯磺酰氯(AR),苯胺(AR),异丙烯基三氟硼酸钾(AR),双(三苯基膦)氯化钯(Ⅱ)(AR),碳酸铯(AR),碘化钠(AR),吡啶(AR),无水硫酸钠(AR),乙腈(AR),二氯甲烷(AR),乙酸乙酯(AR),石油醚(AR),四氢呋喃(AR),稀盐酸(1 mol·L⁻¹),饱和碳酸氢钠溶液,饱和氯化钠溶液,去离子水,硅胶(200~300 目,300~400 目),石墨棒电极(φ=6 mm)等。

注意 以上试剂使用前均未做进一步处理。

实验步骤

1. 2-异丙烯基-N-苯基苯磺酰胺的合成

在干燥的 50 mL 烧瓶中放入磁力搅拌子,加入苯胺(0.16 g,1.72 mmol),吡啶(0.36 g,4.5 mmol)和 10 mL 二氯甲烷,在搅拌下缓慢加入 2-溴苯磺酰氯(0.39 g,1.5 mmol),室温下反应 1 h。反应液依次用 1 mol·L⁻¹稀盐酸、饱和碳酸氢钠溶液、饱和氯化钠溶液进行洗涤,用二氯甲烷萃取 3 次,收集的有机相用无水硫酸钠进行干燥,过滤后,减压浓缩,冷冻结晶。将固体分离干燥,得到纯的 2-溴-N-苯基苯磺酰胺白色固体,称量后计算得产率为 98% (0.50 g)。

在干燥的 50 mL 二口烧瓶中放入磁力搅拌子,加入 2-溴-N-苯基苯磺酰胺 (0.32 g, 1.0 mmol),异丙烯基三氟硼酸钾 (0.17 g,1.1 mmol),碳酸铯 (0.98 g,3.0 mmol) 和双(三苯基膦)氯化钯(0.04 g,0.05 mmol),抽通氩气 3 次后在通氩气的条件下加入 3.6 mL 四氢呋喃和 0.4 mL 水。90 ℃下反应 3 h,反应结束后加入 10 mL 饱和氯化钠溶液,并用 10 mL 乙酸乙酯萃取 3 次,用无水硫酸钠干燥萃取得到的有机相,过滤,滤液中加入约 1 g 硅胶,用旋转蒸发仪旋干溶剂。以 300 ～400 目的硅胶为固定相,干法上样,用石油醚与乙酸乙酯体积比为 4 : 1 的淋洗剂进行柱层析分离提纯,使用 TLC 监测柱层析进程(展开剂 V_{PE} : V_{EA} = 4 : 1)。将柱层析所得产物收集于茄形瓶中,使用旋转蒸发仪旋干溶剂,用真空泵进行真空干燥,除去残留溶剂,得到 2-异丙烯基-N-苯基苯磺酰胺白色固体,称量后计算产率为 90% (0.24 g)。

2. 电化学氧化合成磺内酰胺

在通风橱中,依次将 2-异丙烯基-N-苯基苯磺酰胺 (0.14 g,0.5 mmol),碘化钠 (0.23 g, 1.5 mmol) 加入 10 mL 三口烧瓶中,放入磁力搅拌子,将石墨棒电极 (ϕ = 6 mm,大约 20 mm 的浸没深度)分别作为阳极和阴极,再加入乙腈 5 mL、去离子水 1 mL 作为溶剂。打开恒电位仪并调节电流为 30 mA,观察反应过程中反应物颜色变化(图 26.1)。随着反应进行,取反应混合物进行薄层色谱跟踪。以石油醚与乙酸乙酯体积比为 2 : 1 的混合溶剂作流动相,广口瓶作层析缸,确定原料和产物的 R_f 值。

反应 2 h 后断电。加入 10 mL 饱和氯化钠溶液洗涤,并用 10 mL 乙酸乙酯萃取 3 次,用无水硫酸钠干燥萃取得到的有机相,过滤,滤液中加入约 1 g 硅胶,用旋转蒸发仪旋干溶剂。干法上样,用柱层析进行分离纯化,洗脱剂为 V_{PE} : V_{EA} = 4 : 1,使用 TLC 监测柱层析进程(展开剂 V_{PE} : V_{EA} = 2 : 1)。

将柱层析所得产物收集于茄形瓶中,使用旋转蒸发仪旋干溶剂,用真空泵进行真空干燥,除去残留溶剂,得到白色固体,称量后计算产率为 91% (0.18 g)。

取适量产物并加入 0.5 mL 左右的氘代氯仿,转移至核磁管内,进行核磁共振氢谱和碳谱表征,并进行高分辨质谱分析(送样)。

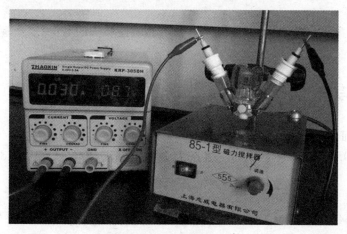

图 26.1 电化学合成装置

3. 循环伏安实验

以玻碳电极为工作电极,铂片为对电极,Ag/AgCl 为参比电极,对该反应进行循环伏安测试(图 26.2)。设置扫描速率为 $0.10\ V\cdot s^{-1}$,范围为 $0\sim2.5\ V$。

(1) 取 2-异丙烯基-N-苯基苯磺酰胺和 TBABF$_4$ 并加入 10 mL 三口烧瓶中,加入 4 mL 乙腈以及 1 mL H_2O,测量 2-异丙烯基-N-苯基苯磺酰胺和 TBABF$_4$ 同时加入时的氧化电位。

(2) 取碘化钠并加入 10 mL 三口烧瓶中,再加入 4 mL 乙腈以及 1 mL H_2O,测量碘化钠的氧化电位。

(3) 取 2-异丙烯基-N-苯基苯磺酰胺和碘化钠并加入 10 mL 三口烧瓶中,加入 4 mL 乙腈以及 1 mL H_2O,测量同时加入 2-异丙烯基-N-苯基苯磺酰胺和碘化钠时的氧化电位。

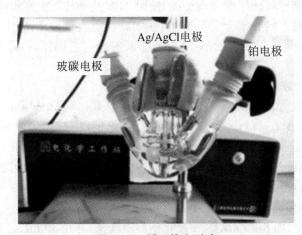

图 26.2　循环伏安测试

 注意事项

(1) 实验过程中穿好实验服,戴好护目镜和手套。

(2) 所有操作在通风橱内进行。

(3) 在制备 2-溴-N-苯基苯磺酰胺过程中要注意药品加入顺序,并且仪器要保持干燥,防止磺酰氯水解。

(4) 在磺内酰胺产物的柱层析过程中,采用加压柱层析的方法,层析速度较快,要及时点板跟踪。

 结果与讨论

1. 产物表征

白色固体,0.18 g,产率为 91%。熔点为 192.7~193.2 ℃。R_f = 0.37 ($V_{PE}:V_{EA}$ = 2 : 1)。

产物的核磁共振氢谱和碳谱如图 26.3 和图 26.4 所示。具体数据如下:

^{1}H NMR (400 MHz, CDCl$_3$) δ: 7.90 (d, J = 8.0 Hz, 1H), 7.76~7.57 (m, 4H), 7.58~7.40 (m, 4H), 3.66 (d, J = 11.6 Hz, 1H), 3.36 (d, J = 11.6 Hz, 1H), 1.77 (s, 3H)。

^{13}C NMR (100 MHz, CDCl$_3$) δ: 140.9, 134.4, 133.3, 133.2, 130.3, 130.1, 129.9, 129.8,

123.1,121.7,66.5,25.3,13.9。

HRMS（ESI）：calcd for $C_{15}H_{14}INO_2S$ $[M+H]^+$ 399.9863，found 399.9868。

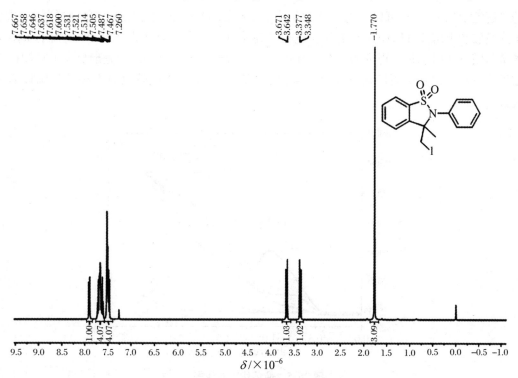

图 26.3　产物核磁共振氢谱

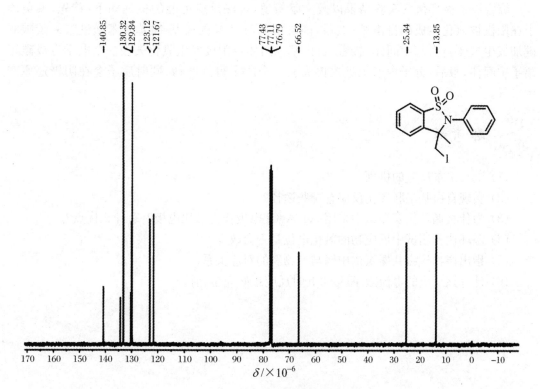

图 26.4　产物核磁共振碳谱

2. 循环伏安实验结果

如图 26.5(彩图 3)所示,在三电极体系中向装有 5 mL 混合溶剂(V_{CH_3CN} : $V_{H_2O}=4:1$)的电解池中加入 NaI,可以发现 NaI 的氧化电位在 1.00 V,而单独加入 2-异丙烯基-N-苯基苯磺酰胺和电解质 TBABF$_4$ 时的氧化电位是在 1.93 V,当同时加入 NaI 和 2-异丙烯基-N-苯基苯磺酰胺时也只出现了 NaI 的氧化电位。故我们推测在该反应中是碘负离子在阳极先被氧化成碘自由基从而启动反应,而 2-异丙烯基-N-苯基苯磺酰胺没有直接参与阳极氧化过程。

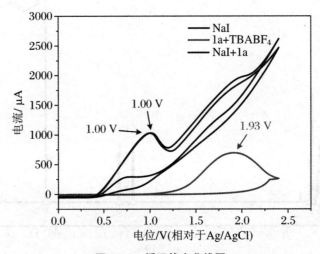

图 26.5 循环伏安曲线图

综合以上循环伏安实验结果以及文献报道,推测反应可能的机理如下:首先,碘负离子在阳极被氧化生成碘自由基;然后,碘自由基对 2-异丙烯基-N-苯基苯磺酰胺的碳碳双键加成生成碳自由基中间体;接着,自由基中间体在阳极发生氧化失去一个电子生成碳正离子中间体;最后,分子内亲核进攻再失去一个质子得到产物,同时质子会在阴极还原产生氢气。

 思考题

(1) 试写出本反应的机理。

(2) 实现自由基串联环化反应有哪些途径?

(3) 为什么循环伏安测试中采用 Ag/AgCl 电极作为参比电极?有什么优点?

(4) 循环伏安测试中反应物的氧化电位是否会改变?

(5) 指出产物核磁共振氢谱中峰与产物氢的对应关系。

(6) 计算该反应的电流效率(以 2 h 时反应正好完全进行)。

(张　武)

实验 27　胆碱酯酶抑制剂药物
——他克林的合成

 实验目的

（1）掌握合成他克林的实验步骤和相关有机化学反应机理。
（2）熟练萃取、过滤和重结晶等相关有机合成基本操作。

 实验原理

他克林是一类胆碱酯酶抑制剂，临床使用始于 1993 年，脂溶性高，易透过血脑屏障，对胆碱酯酶（AChE）有抑制作用，是常用药物。他克林为第一代可逆性胆碱酯酶抑制剂药物，通过抑制 AChE 而增加乙酰胆碱（ACh）的含量，既可抑制血浆中的 AChE，又可抑制组织中的 AChE；可激动 M 受体和 N 受体，促进 ACh 释放；可促进脑组织对葡萄糖的利用。因此，他克林对阿尔茨海默病的治疗作用是多方面共同作用的结果，也是目前非常有效的治疗药物之一。

本实验通过环己酮与 2-氨基苯甲腈在路易斯酸催化剂氯化锌的催化作用下缩合环化得到他克林。反应如下：

$$
\text{环己酮} + \text{2-氨基苯甲腈} \xrightarrow[\text{2. EtOH,80 ℃,10 min}]{\text{1. ZnCl}_2\text{,140 ℃,3 h}} \text{他克林}
$$

反应机理如下：

仪器与试剂

1. 仪器

pH 试纸,100 mL 圆底烧瓶,磁力搅拌子,电子台秤,称量勺,称量纸,注射器,加热套,磁力搅拌器,旋转蒸发仪,循环水真空泵,滴管,小瓶,锥形瓶,冷凝管,温度计,量筒,分液漏斗,烧杯,玻璃棒,布氏漏斗,表面皿等。

2. 试剂

环己酮,2-氨基苯甲腈,氯化锌,无水乙醇,氢氧化钠,石油醚。

 ## 实验步骤

向装有磁力搅拌子的 100 mL 圆底烧瓶中加入 1.18 g 2-氨基苯甲腈、12 mL 环己酮和 1.36 g 氯化锌,加上回流冷凝管。将反应混合物加热到 140 ℃,反应 3 h。反应液冷却到室温,用布氏漏斗过滤,滤渣用石油醚洗涤 3 次。滤渣溶解在水中并搅拌 10 min,加入 20% 氢氧化钠溶液调节 pH 至 12,将溶液过滤。将滤渣溶解于无水乙醇中,在 80 ℃下回流搅拌 10 min,将混合物再次过滤。将滤液收集,使用旋转蒸发仪缓慢旋掉无水乙醇,他克林产物即析出。将析出固体产物用布氏漏斗过滤,固体在表面皿上干燥,计算产率。

 ## 注意事项

(1) 所有有机废液要收集到指定的废液瓶中,不可倒入水池。
(2) 所有实验操作过程中要穿实验服,戴手套。

 ## 结果与讨论

1. 实验结果

将实验结果记录于表 27.1 中。

表 27.1　实验结果

	颜色与状态	空瓶质量/mg	总质量/mg	产物质量/g	物质的量/mmol	收率
标准品	白色固体	—	—	1.36	6.9	69%
产物						

2. 产物鉴定

产物的核磁共振氢谱和碳谱如图 27.1 和图 27.2 所示,具体数据如下:

^{1}H NMR (600 MHz, $(CD_3)_2SO$) δ: 8.08 (d, $J = 8.4$ Hz, 1H), 7.56 (d, $J = 8.3$ Hz, 1H), 7.47~7.41 (m, 1H), 7.26~7.20 (m, 1H), 6.28 (s, 2H), 2.77 (m, 2H), 2.45 (m, 2H), 1.76 (m, 4H)。

^{13}C NMR(150 MHz,(CD$_3$)$_2$SO)δ：157.78,148.47,146.77,128.34,128.25,122.92,122.32,117.50,109.29,34.03,24.13,23.11,23.00。

IR(neat,cm^{-1})：2985,2927,1639,1614,1571,1566,1500,1425,1373,1300,1277,1168,1089,1046,745,672。

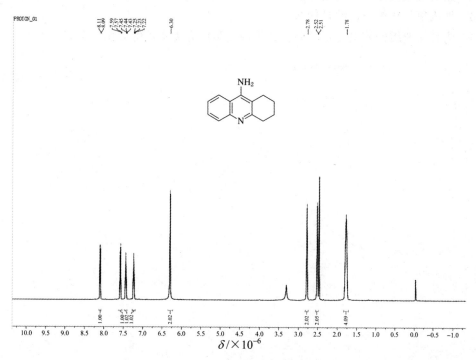

图 27.1　产物核磁共振氢谱

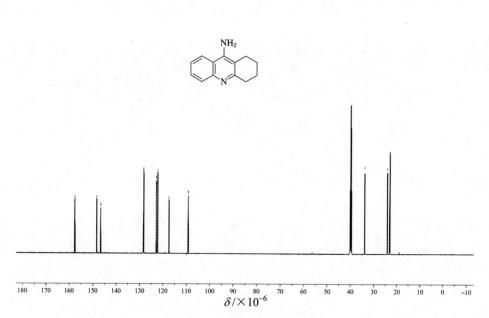

图 27.2　产物核磁共振碳谱

思考题

（1）用石油醚洗涤的目的是什么？

（2）加入氢氧化钠的目的是什么？

（3）为什么要缓慢旋出无水乙醇？如果快速将所有无水乙醇旋出将会怎样？

（李忠原　郝二红）

实验 28　点击化学——铜催化叠氮与炔烃的环加成反应

实验目的

(1) 了解和掌握点击化学的基本概念和意义。

(2) 学习和掌握铜催化叠氮与炔烃的环加成反应的原理和实验操作。

(3) 巩固萃取分离操作。

实验原理

1. 点击化学

点击化学(click chemistry),又称为"链接化学""速配接合组合式化学",是由美国化学家巴里·夏普莱斯(K. B. Sharpless)在 2001 年引入的一个合成概念,主旨是通过小单元的拼接,来快速可靠地完成形形色色分子的化学合成。其尤其强调开辟以碳-杂原子键(C—X—C)合成为基础的组合化学新方法,并借助这些反应(点击化学反应)来简单高效地获得分子多样性。这类反应一般具有高产率,应用范围广,生成单一的不用色谱柱分离的副产物,反应具有立体选择性,易于操作,反应溶剂易于除去。点击化学的代表反应为铜催化的叠氮与炔烃的环加成反应(copper-catalyzed azide-alkyne cycloaddition,CuAAC)。点击化学的概念对化学合成领域有很大的贡献,在药物开发和生物医用材料等的诸多领域中,它已经成为非常有用和吸引人的合成理念之一。

点击化学反应主要有四种类型:环加成反应、亲核开环反应、非醇醛的羰基化学以及碳碳不饱和键的加成反应。文献报道中广泛应用的点击化学反应是通过 Cu(Ⅰ)催化炔基与叠氮基发生环加成反应,生成区域选择性的 1,4-二取代-1,2,3-三氮唑。

2. 铜催化叠氮与炔烃的环加成反应

Huisgen 叠氮-炔烃 1,3-偶极环加成反应是放热反应,但是很高的反应活化能导致反应速率很慢,甚至很高的温度下,速率也很慢。另一个缺点就是会生成异构体,由于两种可能 HOMO-LUMO 在能级上差别不大,因此在热力学反应下得到近乎 1∶1 的 1,4-取代和 1,5-取代的异构体。作为最经典的点击化学反应,铜催化的叠氮与炔烃环加成比非催化的 1,3-偶极环加成反应速率提高了 107～108 倍,在很大的温度范围内都能反应,对水不敏感,pH 范围为 4～12 时都可以发生反应,对很多官能团都有耐受度。纯产品可以通过简单过滤和萃取得到,而不需要柱层析或重结晶。其反应如下:

铜催化叠氮与炔烃的环加成反应机理如下:

铜催化叠氮与炔烃的环加成反应机理如下:

 仪器与试剂

1. 仪器

圆底烧瓶,磁力搅拌器,量筒,分液漏斗,烧杯,布氏漏斗,滤纸,抽滤瓶,砂芯漏斗,旋转蒸发仪,万分之一天平等。

2. 试剂

苯乙炔,对甲苯磺酰基叠氮,噻吩-2-甲酸亚铜,乙酸乙酯,无水硫酸钠,正己烷,硅藻土,饱和氯化铵溶液。

 实验步骤

把噻吩-2-甲酸亚铜(19 mg)、苯乙炔(102.2 mg)和水(5 mL)加入含有磁力搅拌子的圆底烧瓶中。体系用冰水浴冷却之后,将对甲苯磺酰基叠氮(197.2 mg)缓慢加入圆底烧瓶内。移去冰水浴源,并在室温下剧烈搅拌 2 h。反应结束之后,用饱和氯化铵溶液(5 mL)淬灭反应,水溶液用乙酸乙酯萃取 3 次(每次 5 mL),收集有机相并用无水硫酸钠干燥。用铺有硅藻土的砂芯漏斗过滤干燥过的有机相,以除去固体和反应体系中的铜盐催化剂,同时将过滤之后的有机相用旋转蒸发仪除去有机溶剂。将残留在圆底烧瓶内的固体在冷的正己烷溶剂中粉碎,过滤和用冷的正己烷洗涤得白色粉末状固体($R_f = 0.44$(硅胶,$V_{正己烷}$: $V_{乙酸乙酯} = 7 : 3$),188.0 mg,63%的收率)。

注意事项

(1) 实验时要穿白大褂,佩戴安全眼镜和手套,所有操作要在通风橱中进行。
(2) 苯乙炔和对甲苯磺酰基叠氮要在冰箱保鲜层低温下保存。
(3) 有机溶剂使用后要分类倒入指定容器内。

 结果与讨论

产物表征数据如下:
熔点:105.2~107.0 ℃。
氢谱(600 MHz,CDCl$_3$)δ:8.31(s,1H),8.03(d,J = 8.4 Hz,2H),7.82(d,J = 8.2 Hz,2H),7.43(t,J = 7.6 Hz,2H),7.37(m,3H),2.44(s,3H)。

 思考题

(1) 用水作溶剂,在反应过程中为什么要剧烈搅拌?
(2) 干燥的有机相用硅藻土过滤的目的是什么?
(3) 最后的粗产物为什么要在冷的正己烷中粉碎?

(付 亮 张 武)

实验 29 四组分 Ugi 反应合成 α-酰氨基酰胺

 实验目的

(1) 掌握四组分 Ugi 反应合成酰胺化合物的原理和方法。

(2) 了解多组分反应操作简单、选择性好等优点,体验有机合成的趣味性与艺术性。

(3) 进一步巩固萃取和过滤等基本操作。

实验原理

三个或更多的化合物以一锅煮的反应方式形成一个包含所有组分主要结构片段的新化合物的过程称为多组分反应。其由于反应操作简单、成键效率高以及反应选择性好等优点,被广泛应用于有机合成与药物合成当中。

Ugi 反应是一类经典的由醛、胺、异腈与羧酸参与的四组分反应,它由德国化学家 Ivar Karl Ugi 于 1959 年首先发现,并被广泛地应用于非天然氨基酸衍生物 α-酰氨基酰胺的合成当中。该反应由于具有实用性与多样性,吸引了许多化学家深入研究,并衍生出很多其他类型的新反应。例如,经历半个世纪之后,我国的谭斌教授首次突破了不对称的四组分 Ugi 反应。

四组分 Ugi 反应可以表示为

$$\text{PhCHO} + \text{PhNH}_2 + \text{C}_6\text{H}_{11}\text{NC} + \text{PhCO}_2\text{H} \longrightarrow$$

该反应的机理如下:首先,醛与胺缩合生成亚胺,亚胺质子化之后,被异氰基亲核进攻,生成相应的氮杂炔正离子中间体;然后,羧基负离子对氮杂炔正离子进行亲核加成;最后,通过分子内的酰基迁移重排,生成产物 α-酰氨基酰胺。具体过程为本实验采用氯化胆碱-尿素基深共晶溶剂（DES），无需添加酸催化剂，反应操作简单，条件温和。特别是不需要柱层析纯化，直接通过简单过滤就可以得到高纯度的产物。反应如下：

仪器与试剂

1. 仪器

圆底烧瓶，烧杯，分液漏斗，电子台秤，加热磁力搅拌器，循环水真空泵，不锈钢镊子，滤纸，漏斗，熔点测定仪，核磁共振仪。

2. 试剂

苯甲醛，苯胺，环己基异腈，苯甲酸，氯化胆碱，尿素，水，乙醇，氘代氯仿。

实验步骤

1. DES 的制备

向装有磁力搅拌子的 25 mL 圆底烧瓶中加入氯化胆碱（6.95 g, 50 mmol）和尿素（6.0 g, 100 mmol），在 80 ℃下搅拌，直至其变成澄清的溶剂。冷却后即可直接使用（可一次性大量制备）。

2. DES 中的四组分 Ugi 反应

向装有磁力搅拌子的 10 mL 圆底烧瓶中加入 1 mL DES。将苯甲醛（53 mg, 0.5 mmol），苯胺（47 mg, 0.5 mmol），环己基异腈（55 mg, 0.5 mmol），苯甲酸（61 mg, 0.5 mmol）溶于 DES 溶剂中，室温下剧烈搅拌 3～5 h。反应结束后，向反应瓶中加入 6 mL 的水，搅拌，有白色固体析出。抽滤，再依次用 5 mL 水与 2 mL 乙醇冲洗，即可得到较高纯度的产物。最后，测定熔点并使用核磁共振氢谱鉴定化合物。

重要提示　因为环己基异腈具有强烈的令人不愉快的气味，所以反应要在通风橱内进行。

结 果 与 讨 论

将实验结果记录于表 29.1 中。

表 29.1　实验结果

		颜色与状态	熔点/℃	产量/mg	产率
α-酰氨基酰胺	文献值	白色固体	163～169	185	90%
	实测值				

 **思 考 题**

(1) 产物中三个苯环分别来自哪个原料组分？

(2) 该反应的副产物是什么？

(3) 抽滤操作中用水与乙醇冲洗的目的是什么？

（王　见　张继坦）

实验 30　苝酰亚胺染料分子的合成

 实验目的

（1）学习和掌握苝酰亚胺（PBIs）染料分子合成的原理和实验操作。

（2）学习利用有机溶剂沉析法分离纯化有机共轭化合物。

（3）体会有机染料分子的五彩缤纷，了解紫外-可见分光光度计和荧光分光光度计的操作步骤。

 实验原理

3,4:9,10-苝四羧酸二酰亚胺（perylene-3,4:9,10-tetracarboxydiimide，PBIs，简称苝酰亚胺）于1913年被 Kardos 发现，早期常被用作染料和颜料等工业着色剂。苝酰亚胺具有较大的共轭体系（图30.1），能够表现出优异的化学、热和光稳定性以及极强的光吸收和发射性能，具有较高的荧光量子产率以及较好的电荷传输性能和超分子自组装行为。因此，苝酰亚胺类化合物在有机光电功能材料方面有着较大的应用前景，如场效应晶体管（OFETs）、有机光伏电池（OPVs）、生物荧光探针等。

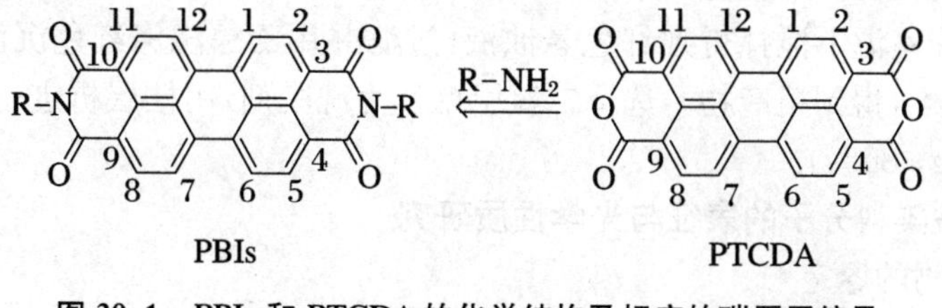

图 30.1　PBIs 和 PTCDA 的化学结构及相应的碳原子编号

本实验利用3,4:9,10-苝四羧酸二酐（perylene-3,4:9,10-tetracarboxylic dianhydride，PTCDA，简称苝四羧酸二酐）的酰胺化反应一锅合成对称的苝酰亚胺染料分子。以苝四羧酸二酐和4-庚胺为原料，醋酸锌为催化剂，咪唑为溶剂，在加热回流的条件下，高效地合成目标产物 N,N′-二（丙基丁基）-3,4:9,10-苝酰亚胺（图30.2）。由于目标产物在极性溶剂中（甲醇、乙醇等）的溶解度较差，反应结束后加入乙醇进行沉析，然后过滤、洗涤，可获得相对较纯的 PBIs 染料分子。

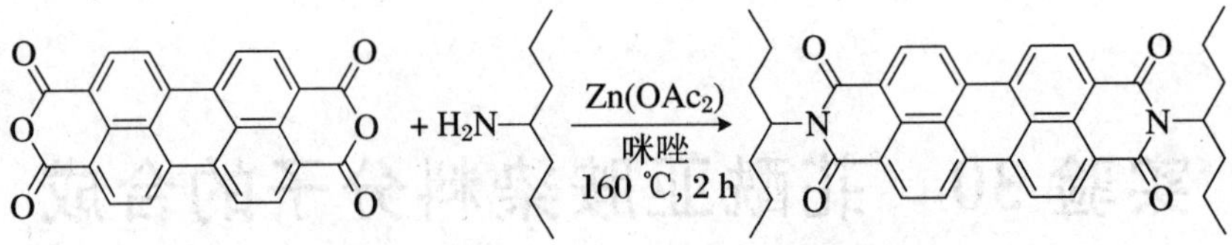

图 30.2　N,N′-二(丙基丁基)-3,4:9,10-苝酰亚胺的合成路线

 仪器与试剂

1. 仪器

圆底烧瓶,磁力搅拌器,回流冷凝管,电子天平,橡胶塞,滤纸,漏斗,玻璃棒,循环水真空泵,色谱柱,层析缸,不锈钢镊子,锥形瓶,量筒,试管,试管夹,试管架,吸管,容量瓶,比色皿,旋转蒸发仪,核磁共振仪,硅胶板 GF254,紫外-可见分光光度计,荧光光谱仪。

2. 试剂

3,4:9,10-苝四羧酸二酐,4-庚胺,醋酸锌,咪唑,乙醇,二氯甲烷,石油醚,d-氯仿,硅胶,石英砂。

 实验步骤

1. N,N′-二(丙基丁基)-3,4:9,10-苝酰亚胺的合成

称取 0.5 g 苝四羧酸二酐(1.27 mmol,1.0 eq.,eq. 代表当量),0.35 g 醋酸锌(1.91 mmol,1.5 eq.),0.75 mL 4-庚胺(5.08 mmol,4.0 eq.)和 4.75 g 咪唑(69.85 mmol,55.0 eq.),并加入 50 mL 圆底烧瓶中。将反应加热至 160 ℃,在氮气保护下回流搅拌 2 h(用薄层色谱跟踪检测反应是否完全)。反应结束后,将反应液冷却至 80 ℃后倒入盛有 100 mL 乙醇的烧杯中,将混合液在室温下搅拌得到红色悬浊液,过滤并用乙醇洗涤红色沉淀物 3 次,然后放入红外干燥箱烘干,得到粗产物。选择二氯甲烷作为洗脱剂,用柱层析进一步纯化得到红色固体产物(0.64 g,86%)。

2. 苝酰亚胺染料分子的表征与光学性质研究

（1）目标产物的鉴定

取约 5 mg 目标产物溶于 0.5 mL d-氯仿中,利用核磁共振氢谱鉴定目标产物,对比参考如下图谱:

^{1}H NMR (400 MHz, CDCl$_3$, 295 K)δ: 8.61~8.66 (m, 8H), 5.20~5.27 (m, 2H), 2.18~2.33 (m, 4H), 1.79~1.87 (m, 4H), 1.24~1.43 (m, 8H), 0.93 (t, J = 7.3 Hz, 12H)。

（2）紫外-可见吸收光谱

分别以正己烷、氯仿和乙腈为溶剂,测定目标产物的紫外-可见吸收光谱,比较、分析吸收光谱的最大吸收波长 λ_{max} 和摩尔吸光系数 ε 的变化。

（3）荧光光谱

分别以正己烷、氯仿和乙腈为溶剂,测定并比较目标产物荧光光谱的发射波长 λ_{em} 和相对荧光量子收率 φ 的变化。

注意事项

（1）本实验需要使用易挥发的有机胺试剂和有机溶剂，因此实验操作要在通风橱中进行。

（2）反应温度较高且需要热溶液转移，可使用试管夹和石棉布进行操作，小心谨慎，以免烫伤。

（3）实验中产生的有机废液应倒入指定的废液桶中。

 结果与讨论

1. 合成实验结果

将合成实验结果记录于表 30.1 中。

表 30.1　合成实验结果

	颜色与状态	产量/g	产率
苊酰亚胺染料			

2. 光学性质测定

将测定的光学性质记录于表 30.2 中。

表 30.2　光学性质

溶剂	λ_{max}/nm	$\varepsilon/(L \cdot mol^{-1} \cdot cm^{-1})$	λ_{em}/nm	φ
正己烷				
氯仿				
乙腈				

 思考题

（1）反应结束后，为什么在 80 ℃时将反应液倒入乙醇中？其目的是什么？

（2）测定苊酰亚胺染料分子的紫外-可见吸收光谱和荧光光谱时，为什么要选择极性不同的有机溶剂？

（祝崇伟）

实验 31 脯氨酸催化的不对称曼尼希反应

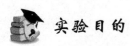 **实验目的**

(1) 了解曼尼希(Mannich)反应的机理。

(2) 掌握脯氨酸催化的不对称曼尼希反应的基本操作。

(3) 熟悉高效液相色谱测对映体过量(ee 值)。

 实验原理

曼尼希反应是指具有 α-活泼氢的化合物与醛(或酮)及胺反应生成胺甲基衍生物的三组分反应,亦称 α-胺烷基化反应。其中具有 α-活泼氢的化合物包括羧酸、酯、硝基化合物、腈、端炔、酚及杂环化合物等;所用的胺一般为仲胺、伯胺或氨。反应可能的机理如下:仲胺和醛在酸性条件下反应,脱水得到亚胺正离子中间体,α-活泼氢酮的烯醇式对原位生成的亚胺正离子中间体进行亲核进攻,形成新的碳碳键。曼尼希反应对于含氮化合物,特别是生物碱的合成非常有用。托品酮的合成是曼尼希反应最经典的例子,被认为是全合成中的经典反应之一。曼尼希反应通式如图 31.1 所示。

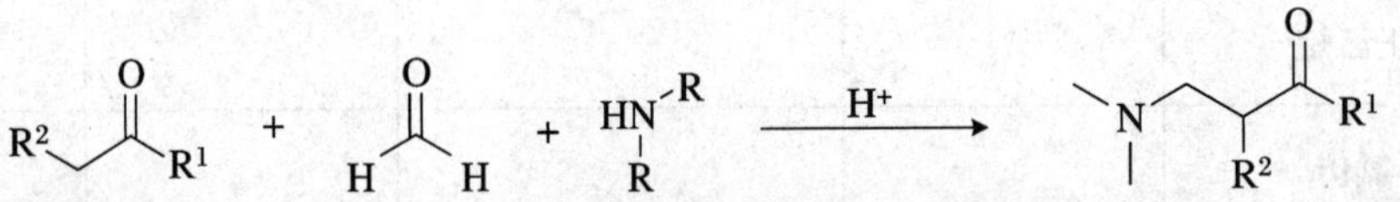

$$R^2 \overset{O}{\underset{}{\parallel}} R^1 + \overset{O}{\underset{H \quad H}{\parallel}} + HN \overset{R}{\underset{R}{}} \xrightarrow{H^+} \overset{O}{\underset{}{}} N \overset{}{\underset{R^2}{}} R^1$$

图 31.1 曼尼希反应通式

值得注意的是,在构建新的碳碳键的同时会产生一个或多个碳手性中心。通过催化不对称曼尼希反应构建光学活性 β-氨基酸衍生物具有高效和原子经济性的优点,因此其一直是有机化学家研究的热点之一。目前,高效的不对称曼尼希反应主要依靠合适的催化剂与底物相互作用来实现。

不对称有机小分子催化是继金属催化和酶催化之后的又一重要催化方式。Benjamin List 和 David MacMillan 因开发了一种精确的分子构建新工具——有机催化而被授予 2021 年的诺贝尔化学奖。该方法具有操作简单、易于获取、价格低廉、可稳定储藏、环境友好、无金属残留等优点。

本实验以丙酮、对硝基苯甲醛和对甲氧基苯胺为原料,L-脯氨酸为有机小分子催化剂,在室温条件下实现三组分的曼尼希反应。整个实验无需惰性气体保护,也无需绝对无水。经分离提纯后得到的产品可通过高效液相色谱测定其 ee 值。消旋样品可用四氢吡咯作为催化剂按照相同步骤制得。反应如下：

仪器与试剂

1. 仪器

20 mL 圆底烧瓶,微量注射器(50 μL),试管,试管架,分液漏斗,磁力搅拌器,电子天平,循环水真空泵,色谱柱,层析缸,硅胶板 GF254,旋转蒸发仪,核磁共振仪,高效液相色谱(Agilent 1260)。

2. 试剂

丙酮,对甲氧基苯胺,对硝基苯甲醛,L-脯氨酸,二甲亚砜,无水硫酸钠,磷酸盐缓冲生理盐水 PBS,石油醚(60～90 ℃),乙酸乙酯,硫酸镁,硅胶(200～300 目),石英砂。

实验步骤

1. 手性胺的合成

反应装置如图 31.2 所示。向装有磁力搅拌子的 20 mL 圆底烧瓶中加入 L-脯氨酸(40 mg, 0.35 mmol),对硝基苯甲醛(151 mg, 1.0 mmol)和对甲氧基苯胺(135 mg, 1.1 mmol),随后加入 10 mL 二甲亚砜和丙酮的混合溶液(体积比为 4∶1)。室温下搅拌 24 h,TLC 点板跟踪反应进程,待反应进行完全后,加入磷酸盐缓冲生理盐水猝灭反应。用乙酸乙酯萃取。有机层用硫酸镁干燥,浓缩,湿法上样,进行柱层析分离(PE/EtOAc)得到淡黄色油状液体。

2. 光学纯度的测定

在不对称合成中,对映体产物光学纯度主要采用旋光纯度测定和手性色谱法的对映体过量测定。相比较而言,手性色谱法快速、简便、灵敏且准确,是一种广泛使用的测定手性化合物光学纯度的技术。本实验将利用高效液相色谱(图 31.3)对所得产品进行 ee 值测定。根据参考文献,首

图 31.2　反应装置

先将消旋的样品溶解在合适的流动相中,手动进样分析。测试方法:采用 Chiralcel AD-H 为色谱柱,异丙醇/正己烷(体积比为 1∶1)为流动相,流速为 1 mL·min^{-1},检测波长为 280 nm,进样量为 20 μL。待分离出两个积分面积相等的峰即可停止。记录两峰的停留时间和峰面积。再通过相同的方法对手性样品进行测试,记录对应峰的停留时间和峰面积,计算 ee 值。

图 31.3 高效液相色谱(Agilent 1260)

 注意事项

(1) 本实验条件温和,不需要无水无氧条件即可进行反应。
(2) 本次实验为微量反应,对实验操作要求较高。
(3) 实验中的废液应倒入指定回收瓶中。

 结果与讨论

1. 实验结果

将合成实验结果记录于表 31.1 中。

表 31.1 合成实验结果

		颜色与状态	产量/mg	产率	ee
产品	文献值	淡黄色油状液体	157	50%	94%
	实测值				

产物的核磁共振氢谱和碳谱如图 31.4 和图 31.5 所示。

2. 高效液相色谱测定结果

将高效液相色谱测定结果记录于表 31.2 中。

表 31.2　高效液相色谱测定结果

	停留时间 t_R/min	峰面积 P_R	停留时间 t_S/min	峰面积 P_S
文献值	6.6	—	7.8	—
消旋样品				
待测手性样品				

对映体过量可以用下式计算：

$$对映体过量(ee) = \left| \frac{峰面积\ P_R - 峰面积\ P_S}{峰面积\ P_R + 峰面积\ P_S} \right| \times 100\%$$

3. 讨论

试讨论影响反应对映选择性的因素。

^{1}H NMR（400 MHz，CDCl$_3$）

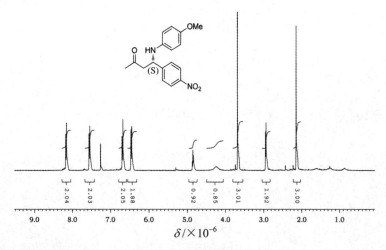

图 31.4　核磁共振氢谱

^{13}C NMR（100 MHz，CDCl$_3$）

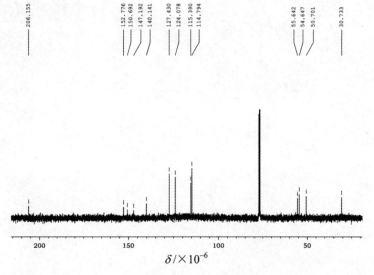

图 31.5　核磁共振碳谱

 **思考题**

（1）试写出本反应的机理。

（2）试写出本实验中可能的副产物。

（3）除脯氨酸催化剂外还有哪些有机小分子催化剂类型？

（倪祁健　张继坦）

实验 32 三(乙二胺)合钴(Ⅲ)盐的制备、对映异构体的拆分及旋光度的测定

 实验目的

(1) 了解配合物的对映异构体和对映异构体的拆分。

(2) 制备三(乙二胺)合钴(Ⅲ)盐并拆分其对映异构体。

(3) 掌握 WZZ 2B 型自动旋光仪的使用方法。

(4) 测定对映异构体的旋光度。

 实验原理

凡是两种物质构造相同,但彼此互为镜像而不能重叠的化合物称为光学异构体(或称为对映异构体)。在对映异构体的分子中,虽然相应的键角和键能都相同,但原子在分子中的空间排列方式不同,从而使偏振光的振动平面旋转且旋转方向不同,这是对映异构体在性质上最具有特征的差别。只有不具有对称中心、对称面和反轴(但可以有对称轴)的分子才有可能有对映异构体。

1912 年 A. Werner 制备并分离了第一个过渡金属配合物 $[Co(en)_3]^{3+}$ 的两种对映异构体,其中一种对映异构体使偏振光的振动平面向右旋转,而另一种对映异构体使偏振光的振动平面向左旋转,通常以 d 或(+)表示右旋,而以 l 或(−)表示左旋。

物质使偏振光振动平面旋转的能力可以用比旋光度 $[\alpha]_\lambda^t$ 来表示,$[\alpha]_\lambda^t$ 表示在某一波长 λ 和温度 t 时,每毫升溶液中所含物质为 1 g 和测定长度为 1 dm 时所产生的旋转角度,对于某一物质它是一个定值,可用下式表示:

$$[\alpha]_\lambda^t = \frac{\alpha}{lc}$$

式中,l 为样品的测量长度,c 为每毫升溶液中所含样品的质量,α 为旋转角度读数。

化学中,常用摩尔旋光度 $[\alpha_M]_\lambda$ 表示物质的旋光能力,即

$$[\alpha_M]_\lambda^t = \frac{M[\alpha]_\lambda^t}{100}$$

式中,M 为测定物质的摩尔质量。

对映异构体的化学性质相同,用普通的方法不能直接得到每种纯的对映异构体,而总是得到它们的外消旋混合物。要得到每种纯的对映异构体,必须经过一定的方法把外消旋混合物分开,这种方法叫作外消旋体的拆分。最常用的化学拆分方法是,使混合物的外消旋离子与另一种带相反电荷的光学活性物质作用得到非对映异构体,利用它们溶解度的不同,可

以选择适当的溶剂用分步结晶的方法把它们分开,得到某一种纯的非对映异构体,然后用非光学活性物质处理,使一光学活性盐恢复原来的组成。

本实验欲制备和拆分对映异构体$[Co(en)_3]^{3+}$,故在它们的外消旋混合物中,加入 D-酒石酸盐(用 D-tart 表示)而使对映异构体分离:

$$[Co(en)_3]^{3+} + [D\text{-}tart]^{2-} + Cl^-$$
$$\longrightarrow [d\text{-}Co(en)_3][D\text{-}tart]Cl \cdot 5H_2O \downarrow + [l\text{-}Co(en)_3][D\text{-}tart]Cl$$

在沉淀出$[d\text{-}Co(en)_3][D\text{-}tart]Cl \cdot 5H_2O$以后的溶液中,加入 NaI,有$[d\text{-}Co(en)_3]I_3 \cdot H_2O$与$[l\text{-}Co(en)_3]I_3 \cdot H_2O$的混合物析出,$[l\text{-}Co(en)_3]I_3 \cdot H_2O$在温水中的溶解度比其对映异构体大得多,因此重结晶可得较纯的$[l\text{-}Co(en)_3]I_3 \cdot H_2O$,该产物的比旋光度$[\alpha]_D^{20} = -89° \cdot cm^2 \cdot g^{-1}$。由实验测得各对映异构体的比旋光度$[\alpha]_D^t$,与理论值相比,就可求得样品中对映异构体的纯度。

仪器与试剂

1. 仪器

WZZ 2B 自动旋光仪,循环水真空泵,抽滤瓶(125 mL,2 个),布氏漏斗,烧杯(250 mL,2 个),烧杯(100 mL,2 个),容量瓶(50 mL,2 个),锥形瓶(250 mL),水浴锅,酒精灯,蒸发皿,量筒(10 mL,50 mL),烘箱等。

2. 试剂

硫酸钴($CoSO_4 \cdot 7H_2O$),乙二胺(24%,AR),碳酸钡($BaCO_3$,AR),碘化钠(AR),D-酒石酸(CR),浓盐酸(AR),过氧化氢(30%,AR),活性炭(CP),无水乙醇(AR),丙酮(AR),浓氨水(AR)等。

实验步骤

1. D-酒石酸钡的制备

在 250 mL 的烧杯中,将 5 g D-酒石酸溶解于 50 mL 水中,边搅拌边缓慢地加入 13 g 碳酸钡,加热并连续搅动 0.5 h 以确保反应完全,滤出沉淀并用冷水洗涤,随后在 110 ℃下烘干。

2. $[Co(en)_3]^{3+}$的制备

在 250 mL 的锥形瓶中加入 20 mL 24% 的乙二胺溶液,再依次加入 3 mL 浓盐酸、$CoSO_4$水溶液(用 7 g $CoSO_4 \cdot 7H_2O$ 溶解于 15 mL 水中)和 1 g 催化剂活性炭,慢慢滴加 30% 的 H_2O_2 2.5~3 mL,至溶液呈橙红色,使 Co(Ⅱ)氧化为 Co(Ⅲ):

$$4Co^{2+} + 12en + 4H^+ + O_2 = 4[Co(en)_3]^{3+} + 2H_2O$$

氧化完成后调节 pH 为 7.0~7.5(用稀盐酸或 24% 的乙二胺溶液调节),并将混合物加热 15 min。使反应完全,冷却后抽滤除去活性炭。

在上述滤液中,加入 7 g D-酒石酸钡,充分搅动并水浴加热 0.5 h(加热如发现溶液出现结晶可适当加少量水),趁热过滤出沉淀 $BaSO_4$,并以少量热水洗涤沉淀,合并滤液。

蒸发所得滤液至体积为 15 mL,冷却得橙红色晶体$[d\text{-}Co(en)_3][D\text{-}tart]Cl \cdot 5H_2O$,抽滤。保留滤液分离 l-异构体。橙红色晶体用 10 mL 热水重结晶。得到的产品用无水乙醇洗涤,晾干。

3. [d-Co(en)₃]I₃·H₂O 的制备

将所得橙红色晶体[d-Co(en)₃][D-tart]Cl·5H₂O 产品溶于 10 mL 热水中,加入 5 滴浓氨水及 NaI 溶液(用 9 g NaI 溶解于 4 mL 热水中)并充分搅拌,在冰水中冷却此溶液,过滤得橙红色针状晶体[d-Co(en)₃]I₃·H₂O,依次用 10 mL 30% NaI 冷溶液、少量无水乙醇和丙酮洗涤,晾干,称重。

4. [l-Co(en)₃]I₃·H₂O 的制备

在步骤 2 所保留的滤液中加入 5 滴浓氨水,并加热至 80 ℃,在搅动下加入 9 g NaI 固体,在冰水中冷却结晶,得[l-Co(en)₃]I₃·H₂O 粗品,用冷却的 10 mL 30% NaI 溶液洗涤,然后用无水乙醇洗涤。产物中含有一些外消旋酒石酸盐,将它溶解在 15 mL 50 ℃的水中,滤出不溶的外消旋酒石酸盐。向 50 ℃滤液中加入 3 g NaI 固体,在冰水中冷却,有橙黄色[l-Co(en)₃]I₃·H₂O 晶体析出,抽滤,用少量无水乙醇和丙酮洗涤,晾干,称重。

5. 异构体旋光度的测定

称取[d-Co(en)₃]I₃·H₂O 和[l-Co(en)₃]I₃·H₂O 各 0.5 g,用容量瓶分别配成 50 mL 溶液,在旋光仪上用 1 dm 长的样品管测定旋光度。

 结果与讨论

记录旋光度测试结果,计算比旋光度和摩尔旋光度。与理论值进行比较,求得产品的纯度。

 **思考题**

(1) 如何判别配合物是否具有对映异构体?

(2) 什么是外消旋拆分? 如何拆分?

(3) 在纯化对映异构体过程中,为什么要用 NaI 溶液来洗涤?

(4) 由物质的旋光度可否确定物质的绝对构型?

(张　武　唐业仓)

实验 33 四甲基乙二胺碱式氯化铜配合物的制备及其在酚催化偶联反应中的应用

 实验目的

(1) 通过 N,N,N′,N′-四甲基乙二胺碱式氯化铜[Cu(OH)Cl · TMEDA]的合成及其对 β-萘酚的催化偶联反应，认识联二萘化合物的结构特点及其在有机合成中的应用。

(2) 掌握联二萘化合物的制备方法。

实验原理

2,2′-二取代的 1,1′-联二萘是一类具有手性轴的光学活性有机化合物，这类化合物近年来在手性识别和不对称有机合成反应中得到了广泛的应用。光学活性的 1,1′-联萘-2,2′-二酚是许多这类手性联二萘化合物合成的起始原料，它一般由外消旋的 1,1′-联萘-2,2′-二酚拆分得到。在众多的外消旋 1,1′-联萘-2,2′-二酚的合成方法中，最经济、最有效的方法是以 β-萘酚为原料的催化氧化偶联方法。常用的氧化剂有 Fe^{3+}、Cu^{2+} 和 Mn^{3+} 等，反应介质包括有机溶剂、水或无机溶剂三种情况。

氯化亚铜在含水的甲醇中、在氧气气氛下与 N,N,N′,N′-四甲基乙二胺(TMEDA)反应形成四甲基乙二胺的碱式氯化铜配合物(式(33.1))。该配合物是酚类化合物氧化偶联的新型高效催化剂，且对空气、水稳定，可以较长时间保存。

在催化剂 Cu(OH)Cl · TMEDA 的存在下，β-萘酚发生自由基氧化偶联反应，生成外消旋的 1,1′-联萘-2,2′-二酚(式(33.2))。

$$CuCl + TMEDA \xrightarrow[O_2]{95\%CH_3OH} Cu(OH)Cl \cdot TMEDA \tag{33.1}$$

$$TMEDA = (CH_3)_2NCH_2CH_2N(CH_3)_2$$

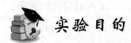

$$\text{(33.2)}$$

(±)

仪器与试剂

1. 仪器

圆底烧瓶(50 mL, 250 mL),二通导气管,常量玻璃合成制备仪,磁力搅拌器,旋转蒸发仪,电加热套,真空干燥器等。

2. 试剂

氯化亚铜(AR),甲醇(AR),N,N,N′,N′-四甲基乙二胺(AR),丙酮(CP),二氯甲烷(AR),β-萘酚(AR),甲苯(AR),无水硫酸钠(CP),乙酸乙酯(CP),乙二胺四乙酸钠(AR),氯化钠(CP),活性炭等。

 实验步骤

1. 四甲基乙二胺碱式氯化铜的制备

在 50 mL 圆底烧瓶中加入 1.98 g(0.02 mol)氯化亚铜,4.9 mL(3.8 g,0.032 mol) N,N,N′,N′-四甲基乙二胺和 30 mL 95%的甲醇,圆底烧瓶上连接一个二通导气管,其另一端与一个充满氧气的氧气袋相连接。接通氧气后,反应混合物在室温下用磁力搅拌器搅拌 1 h。所形成的紫色固体经抽滤后用丙酮洗涤,然后在真空干燥器中于室温下干燥得紫色的 Cu(OH)Cl·TMEDA 粉末,产量约为 3.8 g(98%),分解温度为 137~138 ℃。将所得产物保存于干燥器中备用。

2. Cu(OH)Cl·TMEDA 催化 β-萘酚的氧化偶联反应

在 250 mL 圆底烧瓶中加入 100 mL 二氯甲烷和 4.32 g(0.03 mol)β-萘酚,慢慢开动磁力搅拌器,搅拌使之溶解。然后加入 560 mg(~8 mol%)粉末状 Cu(OH)Cl·TMEDA 催化剂。反应混合物在室温下敞开搅拌,反应 6~8 h,至薄层色谱(展开剂为 $V_{石油醚}:V_{乙醚}=3:1$ 的混合溶剂)显示反应已基本完成。然后用旋转蒸发仪蒸除溶剂二氯甲烷,加入 100 mL 乙酸乙酯,搅拌使其溶解,转入分液漏斗中,用 5% EDTA 水溶液洗涤以除去铜离子,至水相呈淡蓝色或无色。有机相用饱和氯化钠溶液(20 mL)洗涤,无水硫酸钠干燥,滤去干燥剂。取滤液,用旋转蒸发仪蒸除溶剂。所得淡黄色固体粗产物用甲苯重结晶,用活性炭脱色后趁热过滤,结晶后得细针状 1,1′-联萘-2,2′-二酚晶体,产量约为 3.6 g(85%)。测定产物的熔点(210~212 ℃)、IR 和 ^{1}H NMR 谱,指出各主要吸收峰的归属。

 思考题

(1) 写出(R)-和(S)-1,1′-联萘-2,2′-二酚的立体结构式,并说明具有手性轴有机化合物的命名方法。

(2) 写出 β-萘酚发生自由基氧化偶联反应生成 1,1′-联萘-2,2′-二酚的反应机理,并说明该反应还有可能形成什么副产物。

(张　武　王正华)

实验 34　配合物 $K[Cr(C_2O_4)_2(H_2O)_2]$ 顺反几何异构体的制备及其异构化速率和活化能测定

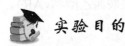 **实验目的**

(1) 通过顺式和反式二水二草酸根合铬酸钾的制备,了解配合物的几何异构现象。

(2) 用光度法测定顺式和反式二水二草酸根合铬酸钾的异构化速率常数和活化能。

 实验原理

　　配合物的异构现象是指化学组成完全相同,由于配体围绕中心离子的排列不同而引起结构和性质不同的现象。配合物的异构现象不仅影响其物理和化学性质,而且还与配合物的稳定性和成键性质有密切的关系,因此异构现象的研究在配位化学中有重要的意义。

　　配合物的几何异构现象主要发生在配位数为 4 的平面正方形结构和配位数为 6 的八面体结构的配合物中。在这类配合物中,配体围绕中心体可以占据不同的位置,通常分为顺式(cis-)和反式(trans-)两种异构体,顺式是指相同配体彼此处于邻位,反式是指相同配体彼此处于对位。在八面体配合物中可以有三种类型的几何异构体,即 MA_4B_2、MA_3B_3 和 ML_2B_2,其中 M 是中心体,A 和 B 是单齿配体,L 是双齿配体。MA_4B_2 和 ML_2B_2 都有顺式和反式异构体存在。MA_3B_3 有面式异构体和经式异构体,面式异构体是指八面体配合物中,6 个配体分别为 3 个 A 和 3 个 B,3 个相同配体占据八面体一个面的各顶点,形成等边三角形;经式异构是指八面体配合物中,3 个 A 和 3 个 B 各占八面体外接球的一条子午线。

　　对于顺式和反式异构体配合物,目前尚没有一种普遍适用的合成方法。本实验利用二水二草酸根合铬酸钾的顺反异构体在溶解度上的差别来制备所需的异构体。在溶液中有顺式和反式之间的平衡,而反式异构体的溶解度较小,因此反式异构体先从溶液中结晶出来,这样可以分别得到反式和顺式异构体。

　　1952 年和 1953 年,G. E. Cunningham 和 R. E. Hamm 分别报道了顺式和反式二水二草酸根合铬酸钾的异构化动力学研究。反式二水二草酸根合铬酸钾不稳定,容易转化为顺式异构体,尤其是在氢离子或者一些金属阳离子存在的条件下,更容易转化为顺式异构体。因为顺式和反式二水二草酸根合铬酸钾是有色物质,所以可以用光度法来测定其异构化速率常数。

　　设溶液中含有顺式异构体(Y)和反式异构体(X),且反式异构体随时间不断转变为顺式异构体,根据朗伯-比尔定律:

$$A_t = (\varepsilon_X[X]_t + \varepsilon_Y[Y]_t)b \tag{34.1}$$

式中,b 为比色皿的厚度,A_t 为溶液在时间 t 的吸光度,ε_X 和 ε_Y 分别为反式异构体 X 和顺式异构体 Y 的摩尔吸收系数。

因 X 逐渐转变为 Y，最后在溶液中 X 全部转变为 Y：

$$trans\text{-}K[Cr(C_2O_4)_2(H_2O)_2](X) \longrightarrow cis\text{-}K[Cr(C_2O_4)_2(H_2O)_2](Y)$$

若此异构化反应为一级反应，则异构化速率为

$$\frac{d[X]}{dt} = -k[X] \tag{34.2}$$

积分得

$$[X]_t = [X]_0 e^{-kt} \tag{34.3}$$

式中，$[X]_0$ 为反式异构体 X 的起始浓度，$[X]_t$ 为时间 t 时反式异构体 X 的浓度。经过时间 t 后顺式异构体 Y 的浓度可以用下式来表示：

$$[Y]_t = [X]_0 - [X]_0 e^{-kt} \tag{34.4}$$

将式(34.3)和式(34.4)代入式(34.1)得

$$A_t = [\varepsilon_X[X]_0 e^{-kt} + \varepsilon_Y([X]_0 - [X]_0 e^{-kt})]b$$

$$\frac{A_t}{[X]_0 b} = (\varepsilon_X - \varepsilon_Y)e^{-kt} + \varepsilon_Y$$

$$\frac{A_t}{[X]_0 b} - \varepsilon_Y = (\varepsilon_X - \varepsilon_Y)e^{-kt} \tag{34.5}$$

由式(34.5)可知，以 $-\ln\left(\dfrac{A_t}{[X]_0 b} - \varepsilon_Y\right)$ 对 t 作图得一直线，直线的斜率即为异构化速率常数 k。按照这个作图法就必须知道 $[X]_0$ 和 ε_Y，而 ε_Y 是未知的。但是，异构化速率常数 k 可以在 $[X]_0$ 和 ε_Y 未知的情况下，通过测定发生异构化的反式异构体溶液的吸光度和在反式异构体完全转化后的该溶液的吸光度之差来求得。

设溶液中反式异构体的吸光度为 A_X，反式异构体完全转化为顺式异构体后的吸光度为 A_Y，那么在时间 t 时异构化溶液的吸光度为

$$\begin{aligned}
A_t &= (\varepsilon_X[X]_0 e^{-kt} + \varepsilon_Y[X]_0 - \varepsilon_Y[X]_0 e^{-kt})b \\
&= b\varepsilon_X[X]_0 e^{-kt} + b\varepsilon_Y[X]_0 - b\varepsilon_Y[X]_0 e^{-kt} \\
&= A_X e^{-kt} + A_Y - A_Y e^{-kt}
\end{aligned}$$

所以

$$(A_Y - A_t) = (A_Y - A_X)e^{-kt} \tag{34.6}$$

两边取对数得

$$\ln(A_Y - A_t) = \ln(A_Y - A_X) - kt$$

所以

$$kt = 常数 - \ln \Delta A \tag{34.7}$$

式中，ΔA 为异构化溶液完全转化为顺式异构体后的吸光度与 t 时异构化溶液的吸光度之差。

以 $-\ln \Delta A$ 对 t 作图得一直线，直线的斜率即为反式异构体转化为顺式异构体的异构化速率常数 k。

若测得在不同温度下的异构化速率常数 k，根据活化能公式

$$\lg k = \frac{E_a}{2.303RT} + B \tag{34.8}$$

以 $\lg k$ 对 $\dfrac{1}{T}$ 作图得一直线,由直线的斜率可以求得异构化的活化能 E_a。

仪器与试剂

1. 仪器

烧杯(250 mL),布氏漏斗,吸滤瓶,表面皿(12 cm),容量瓶(50 mL,100 mL,250 mL),移液管,研钵,双孔恒温水浴锅,722 型分光光度计,烘箱。

2. 试剂

重铬酸钾(CP),无水乙醇(CP),草酸(CP),氨水(CP),高氯酸(CP)等。

实验步骤

1. 反式和顺式异构体的制备

(1) *trans*-K[Cr(C₂O₄)₂(H₂O)₂] 的制备

称取 6 g 草酸和 2 g 重铬酸钾,分别溶解于 10 mL 沸水中,趁热混合于 250 mL 烧杯中。混合两种溶液时有大量二氧化碳气体放出。为防止溶液逸出,两种溶液混合时必须缓慢地分批加入,并盖上表面皿。待反应完毕,冷却,溶液呈酱油色。在室温下,将此溶液自然蒸发浓缩,有紫色晶体析出。过滤晶体,并用少量冰水和无水乙醇洗涤,在 60 ℃ 下烘干该晶体。

(2) *cis*-K[Cr(C₂O₄)₂(H₂O)₂] 的制备

在研钵中,研细 3 g 草酸和 1 g 重铬酸钾的混合物,混合均匀后转入微潮的 250 mL 烧杯中,盖上表面皿。用小火使烧杯的底部微热,立即发生激烈的反应,并有二氧化碳气体放出,反应物呈现深紫色的黏稠状液体。反应结束立即加入 15 mL 无水乙醇,在水浴上微微加热烧杯的底部,用玻璃棒不断搅动使之成为晶体。若一次不行,可倾出液体,再加入相同体积的无水乙醇来重复以上操作,直到全部成为细小的晶体。倾出无水乙醇,在 60 ℃ 下烘干该晶体。

2. 顺式和反式异构体的鉴别

分别将两种异构体的晶体放置在滤纸的中央,并放在表面皿上,用稀氨水润湿。顺式异构体转变为深绿色的碱式盐,它易溶解并向滤纸的周围扩散;反式异构体转变为棕色的碱式盐,溶解度很小,仍然以固体的形式留在滤纸上。

3. 异构化速率常数和活化能的测定

(1) 顺式和反式异构体的吸收光谱的测定

分别称取 0.10 g 顺式和反式异构体,溶解于 100 mL 1.0 ×10⁻⁴ mol·mol⁻¹ 高氯酸溶液的 250 mL 容量瓶中,在 380～600 nm 波长范围内,分别测定这两种溶液的吸收光谱。配制反式异构体应在冰水浴中完成,以免在配制和测量时反式异构体转变为顺式异构体。从这两种异构体的吸收光谱图上选择吸收差别最大时的对应波长作为测定波长。

(2) 异构化速率常数和活化能的测定

称取反式异构体 0.25 g,在冰水浴中溶解于盛有 1.0 ×10⁻⁴ mol·mol⁻¹ 高氯酸溶液的

250 mL 容量瓶中,将此配制溶液分成 3 份,分别放置在室温、35 ℃、45 ℃的恒温水浴锅中。

以蒸馏水为空白,在 1 cm 比色皿中以所选择的波长迅速测定 3 种不同温度下的溶液的吸光度。开始每间隔 5 min 测一次吸光度;约 30 min 后,反应变慢,可以间隔 10 min 测一次吸光度。一直测定到溶液的吸光度不变为止。

 ## 注意事项

(1) 在制备顺式异构体时,加入无水乙醇时要远离火源。
(2) 注意金属废液的回收。

 ## 结果与讨论

(1) 记录顺式和反式异构体两种溶液在不同波长时的吸光度 A,绘制 $\lambda\text{-}A$ 吸收曲线,由此可以确定测定波长。

(2) 测定不同时间间隔的吸光度。将测定的结果记录于表 34.1 中。

表 34.1　吸光度

t/min		5	10	15	20	25	30	40	50	60	70	80	90
室温	A_t												
	A_Y												
	ΔA												
	$\ln \Delta A$												
35 ℃	A_t												
	A_Y												
	ΔA												
	$\ln \Delta A$												
45 ℃	A_t												
	A_Y												
	ΔA												
	$\ln \Delta A$												

(3) 以 $-\ln \Delta A$ 对 t 作图得到一直线,求得直线的斜率即为异构化速率常数 k。

(4) 求得不同温度的 k 值,由式(34.8)作图可求得异构化的活化能 E_a。

 **思考题**

(1) 在制备反式和顺式异构体的反应中,草酸根除了作为二齿配体外,还起了什么作用?

(2) 在测定异构化速率常数时,哪些测量值一定要精确,而哪些测量值可以不精确? 为什么?

(3) 反式二水二草酸根合铬酸钾异构化的机理是什么?

（张　武　王正华）

实验 35　高分子微球的微波法制备及表征

 实验目的

(1) 掌握微波法制备高分子微球的方法和技术。
(2) 练习使用粒度测定仪、场发射扫描电子显微镜对产物进行表征。

 实验原理

单分散高分子微球有广泛的应用,如可用于测定膜的孔体积、作为校正仪器的标准物质、作为色谱柱的填充材料、作为模板用于材料合成和用于医学临床诊断等。高分子微球的制备方法较多,目前较成熟的方法有乳液聚合法、无皂乳液聚合法、悬浮聚合法和分散聚合法等。通常采用水浴加热的方式制备,反应时间普遍较长,约需 24 h。

微波加热方式正被越来越多地应用于化学反应中。微波加热具有加热速度快、加热均匀、对不同介质有选择性和高效节能等优点。在聚合过程中引进微波加热技术,实验操作简单,合成时间大为缩短,并且合成的高分子微球具有很好的单分散性。

本实验采用苯乙烯作为单体,过二硫酸钾作为引发剂,在微波加热的条件下聚合,形成聚苯乙烯的单分散微球。

 仪器与试剂

1. 仪器

微波反应器,烧杯,量筒,水浴锅,减压过滤装置,激光散射仪,场发射扫描电子显微镜等。

2. 试剂

苯乙烯,5% NaOH 溶液,过二硫酸钾,二次蒸馏水。

 实验步骤

1. 原料的纯化

在使用苯乙烯前要先除去其中的阻聚剂,方法如下:在 500 mL 分液漏斗中加入 250 mL 苯乙烯,用预先配好的 5% 氢氧化钠溶液洗涤 3~4 次至无色(每次用量为 40~50 mL),再将洗涤过的苯乙烯加入减压蒸馏装置中,将苯乙烯蒸出。

过二硫酸钾采用重结晶的方式提纯。在烧杯中加入一定量的蒸馏水,50 ℃ 水浴加热,然后逐渐加入过二硫酸钾,直至不能溶解为止。将烧杯置于冰水浴中冷却,析出晶体,减压过滤,用蒸馏水洗涤两遍,尽量抽干。

2. 聚苯乙烯微球的制备

取苯乙烯 5 mL,水 200 mL,放入微波反应器中。微波反应器带有回流冷凝管、搅拌器、导气管。先往苯乙烯中通 N_2 并充分搅拌 10 min 使之混合均匀,再加入引发剂过二硫酸钾 0.10 g 左右。然后在微波辐射下,先以 650 W 的满功率辐照 1.5 min,再改为脉冲加热,每隔 40 s 辐照一次,每次持续 20 s(为保证反应的温度,脉冲加热也选择满功率),总共辐照 60 min,结束反应,反应时间约为 3 h。冷却,过滤出产物,用蒸馏水洗涤数次,收集后进行表征。

3. 产物的表征

将所制备的聚苯乙烯微球分散于二次蒸馏水中,通过激光散射仪测定其粒径分布。产物的形貌通过场发射扫描电子显微镜直接进行观察,将导电胶带粘于样品台上,取少量干燥的产物粉末粘到导电胶带上。由于样品几乎不导电,为取得良好的观测效果,在观察前用离子溅射仪在样品的外表蒸镀一层金颗粒。

 思考题

(1) 使用微波法制备聚苯乙烯微球有何优点?
(2) 引发单体聚合的条件有哪些?

（王正华　翟慕衡）

实验 36　苯乙烯的悬浮聚合

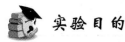

实验目的

(1) 掌握悬浮聚合的实施方法，了解配方中各组分的作用。

(2) 通过对聚合物颗粒均匀性和大小的控制，了解分散剂、升温速度、搅拌速度等对悬浮聚合的重要性。

实验原理

苯乙烯(St)通过自由基聚合反应生成聚苯乙烯(PS)。反应式如下：

$$n \ \text{CH=CH}_2 \longrightarrow \text{(CH-CH}_2)_n$$

悬浮聚合是由烯类单体制备高聚物的重要方法之一。其以水为分散介质，聚合热可以迅速排除，因而反应温度容易控制，生产工艺简单。成品呈均匀的颗粒状，产品不经造粒即可直接成形加工，故又称珠状聚合。工业上用悬浮聚合生产的聚苯乙烯是一种透明无定形热塑性材料，其分子量分布较宽。由于流动性能好而适于模压注射成形；其制品有较高的透明度及良好的耐热性和电绝缘性。

悬浮聚合实质上是借助于较强烈的搅拌和分散剂的作用，将单体以小液滴的形式分散在难溶介质中进行的本体聚合。在每个小液滴内，单体所进行的聚合过程与本体聚合相似。单体由于在介质中受到搅拌和分散剂的双重作用，被分散成细小的液滴，散热面积增大，解决了在本体聚合中不易散热的问题。分散剂可使产物容易分离、清洗，进而得到纯度较高的颗粒状聚合物。

本实验采用苯乙烯为单体，过氧化苯甲酰(BPO)为引发剂，聚乙烯醇为分散剂，水为连续介质，按自由基机理进行悬浮聚合。要求得到的聚合物具有一定的粒度。

仪器与试剂

1. 仪器

三口烧瓶(250 mL)，电动搅拌器，鼓风干燥箱，恒温水浴锅，回流冷凝管，锥形瓶，表面皿，吸管，量筒，布氏漏斗。

2. 试剂

苯乙烯,聚乙烯醇溶液,精制的 BPO,去离子水等。配方如表 36.1 所示。

表 36.1　配方表

组　分	试　剂	规　格	加料量
单　体	苯乙烯	>99.5%	16 mL
分散剂	聚乙烯醇溶液(质量分数为 1.5%)	DP=1750±50	20 mL
引发剂	BPO	已精制	0.30 g
介　质	水	去离子水	130 mL

 实验步骤

(1) 按图 36.1 搭建好实验装置,为保证搅拌速度均匀,整套装置安装要规范。搅拌器安装后,用手转动时阻力小、转动轻松自如。

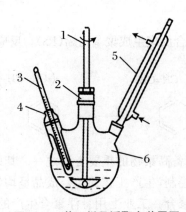

图 36.1　苯乙烯悬浮聚合装置图
1. 搅拌器;2. 搅拌密封塞;3. 温度计;4. 温度计套管;5. 回流冷凝管;6. 三口烧瓶

(2) 准确称取 0.30 g BPO,置于 100 mL 锥形瓶中,按配方量取苯乙烯并加入锥形瓶中,摇动。BPO 完全溶解后将混合溶液加入三口烧瓶中。再加入 20 mL 1.5%的聚乙烯醇溶液,最后用 130 mL 去离子水分别冲洗锥形瓶和量筒后加入三口烧瓶中。

(3) 接通冷凝水,启动搅拌器并控制在一恒定转速,在 20~30 min 内将温度升至 85~90 ℃开始聚合反应。注意在整个过程中除了要控制好反应温度外,关键是要控制好搅拌速度。尤其是反应 1 h 以后体系中分散的颗粒变得发黏,这时搅拌速度如果忽快忽慢或者停止都会导致颗粒粘连或粘在搅拌器上而结块,致使反应失败。反应后期将温度升至反应温度上限以加快反应,提高转化率。

(4) 反应 1.5~2 h 后,用吸管吸取少量颗粒至表面皿中进行观察,如颗粒变硬发脆,则可结束反应。

(5) 停止加热,一边搅拌一边用冷水将聚合体系冷却至室温。停止搅拌,取下三口烧瓶。产品用布氏漏斗抽滤,并用热水洗涤数次。最后放入鼓风干燥箱中在 50 ℃下烘干,称重并计算产率。

（6）实验记录及处理。将实验结果记录于表 36.2 中。

表 36.2　实验结果

产品性状	理论产量/g	实际产量/g	产率

 注意事项

（1）反应时搅拌要快、均匀，使单体能形成良好的珠状液滴。

（2）保温阶段是实验成败的关键阶段，此时聚合热逐渐放出，颗粒开始变黏，易发生粘连，需密切注意温度和转速的变化。

（3）如果聚合过程中发生停电或聚合物粘在搅拌棒上等异常现象，应及时降温终止反应并倾出反应物，以免造成仪器报废。

 思考题

（1）结合悬浮聚合的理论，说明配方中各种组分的作用。如改为本体聚合或乳液聚合，此配方需做哪些改动？为什么？

（2）分散剂如不用聚乙烯醇，可用什么代替？

（3）根据实验体会，结合聚合反应机理，你认为在悬浮聚合的操作中，应特别注意哪些问题？

（许洋洋）

实验 37　布洛芬高分子载体药物的合成和表征

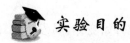

实验目的

（1）了解高分子载体药物的概念及其应用的基本原理。

（2）初步了解高分子载体药物的合成方法。

（3）掌握烯类单体在引发剂存在下自由基聚合的基本原理和操作。

实验原理

现在用来治病的药物，不论是人工合成的还是天然的，大多是相对分子质量不大的小分子化合物，也叫低分子药物。许多传统的低分子药物存在很多不足之处，如在体内新陈代谢快、半衰期短、体内浓度很快降低从而影响疗效等，为此需要加大剂量，增加进药次数，但过高的药剂浓度又会增加药物的副作用。与低分子药物相比，许多高分子药物具有长效、增效、缓释、低毒副作用及高药理活性等优点。因此，通过低分子药物高分子化克服其缺点已成为当前广泛研究的课题。

高分子药物一般可分为以下几种：① 高分子化的低分子药物；② 本身具有药理活性的高分子；③ 药物的微胶囊化，即将小分子药物通过范德华力与高分子基质结合并为其包裹。通常高分子药物主要指高分子化的低分子药物，即高分子载体药物，也就是将低分子药物连接到高分子上制成高分子药物以获得缓释或靶向功能。

布洛芬（brufen）又名依布洛芬或异丁苯丙酸，化学名称为 2-(4-异丁基苯基) 丙酸，具有抗炎、镇痛、解热等作用。该药口服虽吸收快，但排泄也很快，1 h 后血液浓度即达最高峰，且半衰期较短，为维持一定的血药浓度，需频繁给药，导致明显的峰谷效应。

本实验将低分子药物布洛芬以酯键连接到甲基丙烯酸-2-羟乙酯（HEMA）上制成可聚合的含布洛芬的单体，然后单体在引发剂偶氮二异丁腈（AIBN）的存在下，经自由基聚合反应，合成布洛芬高分子载体药物。布洛芬药物的有效成分通过羧酸酯键连接在高分子主链上，通过酯键的逐步水解或酶解可望达到布洛芬药物的缓释和长效的结果。虽然合成的布洛芬高分子前体药物的药理性能有待进一步研究，但实验过程无疑有助于学生了解高分子载体药物的概念、原理、合成方法以及烯类单体自由基聚合的原理和操作技术，培养学生的学习兴趣，增强其实验动手能力。

布洛芬高分子载体药物的合成路线如下：

布洛芬

$\xrightarrow{\text{SOCl}_2}$

吡啶

$\xrightarrow[\text{聚合}]{\text{AIBN}}$

仪器与试剂

1. 仪器

Bruker 公司的 AV300 核磁共振仪,Nicolet FTIR 5DX 红外光谱仪,NMR 样品管,三口烧瓶,二口烧瓶,回流冷凝管,干燥管,玻璃漏斗,旋转蒸发仪等。

2. 试剂

布洛芬(市售布洛芬药片),甲基丙烯酸-2-羟乙酯(HEMA)(AR),N,N-二甲基甲酰胺(DMF)(AR),氯化亚砜(SOCl$_2$,AR),无水吡啶(AR),氯仿(AR),偶氮二异丁腈(AIBN)(CP,经乙醇重结晶纯化),无水乙醇(AR),四氢呋喃(THF)(AR,使用前经钠丝回流后蒸出),5%碳酸氢钠溶液,饱和食盐水,无水硫酸镁(AR),氘代氯仿(内标 TMS)等。

实验步骤

1. 布洛芬的提取

将市售布洛芬药片研碎,加无水乙醇搅拌后静置过夜,过滤后利用旋转蒸发仪减压抽干乙醇溶剂得布洛芬。

2. 单体的合成

在干燥无水的条件下,将 6 mL SOCl$_2$ 加入装有回流冷凝管、干燥装置及气体吸收装置的 100 mL 三口烧瓶中,用冰水浴冷却并搅拌,加入 10.3 g 布洛芬,滴入 7～8 滴无水 DMF,搅拌。转入油浴缓慢升温到 80 ℃左右,回流 5 h,减压抽去过量的 SOCl$_2$,得到黄色油状的布洛芬酰氯。在冰盐浴下向上述反应瓶中加入 10 mL 无水 THF,强烈搅拌,先加入 4.3 mL 无水吡啶,再加入 5.8 mL HEMA 和 20 mL THF 的混合溶液,反应 6 h。反应结束后过滤,将沉淀溶于水中,用氯仿萃取,萃取液与滤液合并,相继用水、5%碳酸氢钠溶液、饱和食盐水洗涤,用无水硫酸镁干燥。过滤后滤液减压浓缩得淡黄色油状产物(单体)。

3. 含药单体的聚合

在装有冷凝管和氩气导入管的二口烧瓶中加入 15 mL THF、1 g 单体及 40 mg 引发剂

AIBN,通入氩气 10 min 除氧。加热到 75 ℃,氩气气氛下反应 5 h,反应结束后用冰水浴急速冷却。产物用甲醇沉淀,离心沉降后弃去上层甲醇,沉淀经 THF 溶解,再用甲醇沉淀。如此重复 3 次并抽干得纯化的米白色聚合物粉末。

4．单体和布洛芬高分子载体药物的表征

单体和聚合物的 ^{1}H NMR 谱用 Bruker 公司的 AV300 核磁共振仪测试,以 CDCl$_3$（内标 TMS）为溶剂;单体及聚合物的 IR 用 Nicolet FTIR 5DX 红外光谱仪测试,以液膜法或 KBr 压片制样（聚合物的相对分子质量和相对分子质量分布可由 Water-150C 凝胶色谱仪测定, THF 为流动相,柱温为 30 ℃,以聚苯乙烯为标准样品进行普适校正）。

 注意事项

（1）布洛芬与 SOCl$_2$ 作用制备酰氯时,因为 SOCl$_2$ 和酰氯都极易水解容易导致实验失败,所以实验装置和试剂都应干燥无水,回流冷凝管上应加干燥管防止湿气进入。用气体吸收装置吸收反应中放出的有害气体氯化氢。

（2）空气中的氧气对自由基聚合有一定的阻聚作用,所以在单体聚合时应向反应装置中通氮气或氩气等惰性气体以充分除氧,并使反应在惰性气氛下进行。

（3）测定产物红外光谱、核磁共振谱的有关操作要点参见实验教材有关内容。

 结果与讨论

1．实验结果

将实验结果记录于表 37.1 中。

表 37.1 实验结果

产物名称		颜色与状态	相对分子质量	产量/g	产率
含药单体	文献值	淡黄色油状物	318.41	12.1	80%
	实测值				
布洛芬高分子载体药物	文献值	米白色粉末	$M_n = 1.26 \times 10^4$ $M_w = 1.51 \times 10^4$ 多分散性: 1.20	0.4	40%
	实测值				

注:单体相对分子质量根据分子式计算,聚合物相对分子质量和相对分子质量分布用凝胶色谱法（GPC）测定。M_n 为数均相对分子质量,M_w 为重均相对分子质量。

2．谱图数据

（1）含布洛芬药物单体的谱图数据如下:

^{1}H NMR （300 MHz, CDCl$_3$）δ: 0.90（d, 6H, (CH$_3$)$_2$ CHCH$_2$ $-$）, 1.48 （d, 3H, $-$CH(CH$_3$)COO$-$）, 1.84 （m, 1H, (CH$_3$)$_2$CHCH$_2$ $-$）, 1.89 （s, 3H, $-$C(CH$_3$) $=$ CH$_2$）, 2.45 （d, 2H, (CH$_3$)$_2$ CHCH$_2$ $-$）, 3.74（m, 1H, $-$CH(CH$_3$)COO$-$）, 4.31 （m, 4H, $-$OCH$_2$CH$_2$O$-$）, 5.55 （s, 1H, $-$C(CH$_3$) $=$ CH$_2$ 的 *cis*-H）, 6.04 （s, 1H, $-$C(CH$_3$) $=$ CH$_2$

的 *trans*-H)，7.09~7.21 (m，4H，Ph-H)。

IR(液膜法，cm^{-1})：2956、2928、2868 (C-H)，1734 (C=O)，1637 (C=C)，1511、1452 (Ar)，1156 (C-OC)。

(2) 布洛芬高分子载体药物的谱图数据如下：

^{1}H NMR(300 MHz，CDCl$_3$)δ：0.88 (d，6H，(CH$_3$)$_2$CHCH$_2$-)，1.00~1.20 (br，3H，主链-[C(CH$_3$)-CH$_2$]$_n$-)，1.46 (d，3H，-CH(CH$_3$)COO-)，1.80(br，2H，主链-[C(CH$_3$)-CH$_2$]$_n$-)，1.84 (m，1H，(CH$_3$)$_2$CHCH$_2$-)，2.43 (d，2H，(CH$_3$)$_2$CHCH$_2$-)，3.74 (m，1H，-CH(CH$_3$)COO-)，4.11~4.30 (br，4H，-OCH$_2$CH$_2$O-)，7.07~7.22 (brm，4H，Ph-H)。

IR(KBr，cm^{-1})：2955、2866(C-H)，1739 (C=O)，1516、1461 (Ar)，1153 (C-OC)。

3. 讨论

通过单体和聚合物的^{1}H NMR谱图的对比及红外光谱图吸收情况的变化来说明单体是否已聚合。

 思考题

(1) 高分子药物有哪几种类型？与传统的低分子药物相比，其有什么特点？

(2) 酰氯与醇作用生成酯时加吡啶的作用是什么？商品中的烯类单体在存放时为什么要加入阻聚剂(如对苯二酚等)？

(3) 常见的自由基聚合引发剂有哪几种类型？AIBN的结构式和其作为引发剂的机理是什么？在引发剂精制时为什么要在较低的温度下进行？

(孙礼林 张 武)

实验 38　N,N-二甲基丙烯酰胺的可逆加成断裂链转移聚合

 实验目的

(1) 掌握可逆加成断裂链转移(RAFT)聚合方法的机理。
(2) 掌握聚(N,N-二甲基丙烯酰胺)(PDMA)的合成与纯化方法。

实验原理

可逆加成断裂链转移聚合是合成分子量分布窄、分子量精准、拓扑结构可控与端基功能明确的聚合物的非常常用方法之一,也是一种可逆的去活化自由基聚合,是给传统自由基聚合赋予活性的通用方法之一。

RAFT 聚合的最大优点是适用的单体范围广。能够控制大多数可通过传统自由基聚合反应的单体实现活性聚合,其中包括(甲基)丙烯酸酯、(甲基)丙烯酰胺、丙烯腈、苯乙烯、二烯和乙烯基单体。除了常见单体外,丙烯酸、对乙烯基苯磺酸钠、甲基丙烯酸羟乙酯等质子性单体或酸、碱性单体均可顺利聚合,十分有利于含特殊官能团烯类单体的聚合反应。

RAFT 聚合不需要使用昂贵的试剂,也不会导致杂质或残存试剂难以从聚合产物中除去。不仅产物分子量分布较窄(一般都在 1.3 以下),而且聚合温度也较低,一般在 60~70 ℃下即可进行。分子的设计能力强,可以用来制备嵌段、接枝、星形共聚物。

本实验采用 N,N-二甲基丙烯酰胺(DMA)作为单体,2-[十二烷硫基(硫代羰基)硫基]-2-甲基丙酸作为链转移剂,偶氮二异丁腈(AIBN)作为引发剂,二氧六环作为反应的溶剂,在加热的条件下聚合,制备 PDMA。反应如下:

仪器与试剂

1. 仪器

25 mL 两口茄瓶,250 mL 烧杯,油浴锅,1 mL 量筒,万分之一天平,氮气球,橡胶塞,针头,橡胶管,玻璃滴管,磁力搅拌子,烘箱。

2. 试剂

N,N-二甲基丙烯酰胺,2-[十二烷硫基(硫代羰基)硫基]-2-甲基丙酸,偶氮二异丁腈,二氧六环,乙醚。

实验步骤

1. 聚(N,N-二甲基丙烯酰胺)的制备

称取原料 N,N-二甲基丙烯酰胺(1.98 g, 20 mmol)和2-[十二烷硫基(硫代羰基)硫基]-2-甲基丙酸(36.5 mg, 0.1 mmol),放入两口茄瓶中,加入溶剂二氧六环(1800 μL),使固体原料溶解。配制 5 mg·mL^{-1}的偶氮二异丁腈的二氧六环溶液 10 mL,取配好的溶液 328 μL 置于两口茄瓶中,即偶氮二异丁腈 1.64 mg (0.01 mmol)。向两口茄瓶中鼓入氮气以除去瓶中的空气,将两口茄瓶放入 70 ℃的油浴锅中,反应 2 h。冷却,打开两口茄瓶盖子,暴露空气来猝灭自由基进而终止反应。

2. 聚(N,N-二甲基丙烯酰胺)的纯化

在 250 mL 烧杯中加入 50 mL 乙醚并置于冰水浴中,将得到的聚合物溶液在搅拌的情况下缓慢滴入乙醚溶液中,继续搅拌几分钟,倾倒除去上层清液,得到聚合物沉淀;重复上述沉淀步骤 3 次,最后把得到的聚合物放入烘箱中烘干。

思考题

(1) 使用 RAFT 聚合的方法制备聚(N,N-二甲基丙烯酰胺)有何优点?

(2) 引发单体聚合的条件有哪些?

(3) 活性自由基聚合的注意事项有哪些?

（华　赞）

实验 39　磺化聚芳醚砜的制备及其离子交换容量的测定

 实验目的

(1) 掌握磺化聚芳醚砜的制备方法,了解控制磺化度的方法。

(2) 了解离子交换容量的意义,并通过酸碱滴定法测定磺化聚芳醚砜的离子交换容量。

 实验原理

20 世纪 60 年代中期,美国的 UUC 公司开发出聚芳醚砜(聚醚砜)这种热塑性高分子材料。它具有优良的机械性能、热稳定性、化学稳定性和电性能,产品质量较轻、成本不高,因此取代了各种塑料和部分金属,在电子工业、电器工业、航空行业以及医疗卫生行业都有广泛的应用。其分子结构式如下:

$$\left[S \underset{O}{\overset{O}{\parallel\!\parallel}} \!\!\!-\!\!\!\!\left\langle\!\!\!\bigcirc\!\!\!\right\rangle\!\!\!-\!\!\!O\!\!\!-\!\!\!\left\langle\!\!\!\bigcirc\!\!\!\right\rangle\!\!\!-\!\!\!S\underset{O}{\overset{O}{\parallel\!\parallel}}\!\!\!-\!\!\!\left\langle\!\!\!\bigcirc\!\!\!\right\rangle\!\!\!-\!\!\!\left\langle\!\!\!\bigcirc\!\!\!\right\rangle\!\!\! \right]_n$$

从分子结构来看,聚芳醚砜的主链上含有砜基、醚基和苯基,它的玻璃化转变温度为 190 ℃,热形变温度为 175 ℃,脆化温度为 -101 ℃,因此它可以在 $-100\sim150$ ℃温度范围内长时间使用。近年来,聚芳醚砜的应用越来越广泛,如纯水制造、污水处理等领域。同时聚芳醚砜有着良好的生物相容性,被用来作透析膜、血滤膜、血浆分离膜等。但亲水性差阻碍了其在水处理和医学领域的应用。

化学改性法是在一定条件下,使高分子聚合物发生化学反应,导致聚合物的化学结构发生变化的一种方法,利用化学改性法可以达到改善聚芳醚砜亲水性目的。聚芳醚砜的主链上临近醚键的苯环能够发生亲电取代反应,如磺化、氯甲基化等。

本实验采用聚芳醚砜为单体,浓硫酸为溶剂和磺化试剂,制备磺化聚芳醚砜聚合物,并对产物的离子交换容量进行测定。离子交换容量(IEC)表示单位质量(每克)干树脂所能交换的离子的物质的量,是离子交换树脂的重要参数,用于衡量离子交换树脂交换能力的大小。本实验的反应式如下:

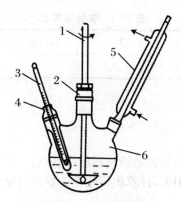

 仪器与试剂

1. 仪器

三口烧瓶(100 mL),电动搅拌器,鼓风干燥箱,恒温水浴锅,回流冷凝管,锥形瓶,表面皿,吸管,量筒,布氏漏斗,碱式滴定管。

2. 试剂

聚芳醚砜,浓硫酸,去离子水,氯化钠(NaCl),酚酞溶液,氢氧化钠(NaOH)标准溶液(0.01 mol · L^{-1})等。

 实验步骤

(1) 按图 39.1 搭建好实验装置,为保证搅拌速度均匀,整套装置安装要规范。搅拌器安装后,用手转动时阻力小、转动轻松自如。

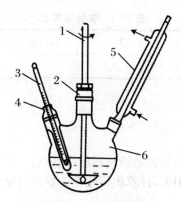

图 39.1　反应装置图

1. 搅拌器;2. 搅拌密封塞;3. 温度计;4. 温度计套管;5. 回流冷凝管;6. 三口烧瓶

(2) 准确称取一定量的聚芳醚砜,置于 100 mL 三口烧瓶中,再加入适量浓硫酸(缓慢加入,注意安全),最后将三口烧瓶放入恒温水浴锅中。

(3) 接通冷凝水,启动搅拌器并控制在一恒定转速,在一定的温度下搅拌使之完全溶解。待形成均相溶液时,停止反应。将溶液缓慢滴入去离子水中沉淀,并用去离子水充分洗涤至水的 pH 为 6~7。最后放入鼓风干燥箱,在 50 ℃ 下烘干,称重并计算产率。

（4）离子交换容量的测定：采用酸碱滴定法测定磺化聚芳醚砜的离子交换容量。称取干燥的磺化聚合物 0.50 g，浸入 1.0 mol·L^{-1} 的 NaCl 溶液中充分振荡 24 h，进行 H$^+$ 和 Na$^+$ 的离子交换，所得溶液用 0.01 mol·L^{-1} 的 NaOH 溶液进行滴定，以酚酞为指示剂，利用下式计算聚合物的 IEC（mmol·g^{-1}）：

$$IEC = \frac{M \times V}{W}$$

其中，M 为滴定所用的 NaOH 溶液的浓度（mol·L^{-1}），V 为滴定所用 NaOH 溶液的体积（L），W 为滴定所用干燥聚合物的质量（g）。

 ## 注意事项

（1）使用浓硫酸时，要做好个人防护。
（2）反应时搅拌要均匀，注意搅拌桨与温度计的距离。
（3）待反应体系降到室温后，再用大量的去离子水（或加入冰块）进行聚合物沉淀，防止浓硫酸稀释过程中，溶液升温。
（4）大量含酸的废液应倒入指定的废液桶内，切勿倒入下水道。

 ## 结果与讨论

将实验结果记录于表 39.1 和表 39.2 中。

表 39.1　实验结果 1

理论产量/g	实际产量/g	产率

表 39.2　实验结果 2

聚合物质量/g	W/g	V/L	M/(mol·L^{-1})	IEC/(mmol·g^{-1})

 ## 思考题

（1）请列举高分子材料改性制备功能材料的优缺点。
（2）能否根据滴定得到的 IEC，计算出磺化聚芳醚砜的磺化度？

（刘　磊）

实验 40　镍铝双氢氧化物的电化学合成及其电化学性质研究

实验目的

（1）学习电化学方法在无机合成中的应用。

（2）学习用电化学方法研究修饰电极电化学性质的一般方法。

实验原理

双氢氧化物（LDHs）因为具有好的生物相容性、强的吸附性、高催化活性、低廉的价格以及高的化学稳定性等优良性质而被广泛用于许多领域。先前的研究已经很好地证实了这种合成的阴离子土非常适合构建生物传感器，基于 LDHs 固定酶的电化学生物传感器已经被成功制备出来。然而，大多数采用共沉淀法和水热法合成的 LDHs 在修饰电极时需要使用交联剂才能稳定修饰在电极表面。而且，普通的 LDHs 不具有电活性且导电性差，因而限制了其在电化学领域的广泛使用。

因此，合成具有电活性的 LDHs 在一定程度上有拓宽 LDHs 在电化学中应用的可能。对于含 Ni（Ⅱ）的 LDHs，在碱性介质中 Ni（Ⅲ）/Ni（Ⅱ）电活性中心能够发生一电子的可逆氧化还原过程，因此它们是一类重要的电活性 LDHs。

Ni-Al LDHs 金（LDH/Au）修饰电极参考文献[86-87]制备。该方法合成 LDHs 的基本原理是利用电化学方法还原 NO_3^-，在电极表面产生 OH^-，沉淀溶液中的 Ni^{2+} 和 Al^{3+} 合成 Ni-Al LDHs，Therese 等在其综述中详细地给出了电化学方法合成氢氧化物和氧化物的原理。反应如下：

$$NO_3^- + H_2O + 2e^- \longrightarrow NO_2^- + 2OH^-$$

$$Al^{3+} + 3OH^- \longrightarrow Al(OH)_3$$

$$Al(OH)_3 + 2Ni^{2+} + 3OH^- + NO_3^- \longrightarrow Al(Ⅲ)[Ni(Ⅱ)]_2(OH)_6NO_3$$

仪器与试剂

1. 仪器

电化学实验在 CHI660C 电化学工作站（中国上海辰华仪器）上进行，采用三电极系统，以 Ag/AgCl（3 mol·L^{-1} KCl）电极或饱和甘汞电极（SCE）为参比电极，铂丝电极为对电极，Au 电极为工作电极。所有实验用到的工作液都经过氮气除氧，实验在室温下进行。

2. 试剂

Ni(NO$_3$)$_2$ · 6H$_2$O, Al(NO$_3$)$_3$ · 9H$_2$O, KNO$_3$, 0.2 mol · L^{-1} HNO$_3$溶液, 0.1 mol · L^{-1} NaOH 溶液等。

 实验步骤

1. 电化学沉积 Ni-Al LDHs

先将直径为 2 mm 的 Au 电极进行预处理,用除去二氧化碳的蒸馏水冲洗干净,室温晾干备用。配制 pH 为 3.8 的含 0.12 mol · L^{-1} Ni(NO$_3$)$_2$、0.04 mol · L^{-1} Al(NO$_3$)$_3$和 0.15 mol · L^{-1} KNO$_3$的混合溶液,将三电极系统浸入溶液,在 −0.9 V (E_{app},相对于 SCE) 电解不同时间(t = 30 s、60 s、90 s 和 120 s),获得不同性质的修饰电极。

2. LDH/Au 修饰电极的电化学性质研究

以循环伏安法研究 LDH/Au 的电化学性质。在 0.1 mol · L^{-1} NaOH 溶液中分别作 Au 电极和修饰电极的 CV 图。扫描范围是 0.2～0.8 V,扫描速率为 100 mV · s^{-1}。

改变扫描速率,使扫描速率分别为 50 mV · s^{-1}、80 mV · s^{-1}、100 mV · s^{-1}、120 mV · s^{-1}、160 mV · s^{-1}、180 mV · s^{-1}、200 mV · s^{-1} 和 240 mV · s^{-1}。记录不同扫描速率下的 CV 图。

 注意事项

(1) Au 电极要经过表面处理。

(2) 电解液的初始 pH 应该严格控制。

 思考题

(1) 对比 Au 电极和修饰电极的 CV 图,在哪些电位处出现了氧化还原反应? 分别对应于哪些过程? 不同沉积时间的电极有什么不同?

(2) 以扫描速率对电流(氧化和还原)作图,线性拟合曲线方程是什么? 相关系数多少? 说明了什么问题?

(李茂国　王银玲)

实验 41　酶联免疫吸附法测定食品中氯霉素残留量

实验目的

（1）了解食品样品的处理方法。

（2）掌握酶联免疫吸附测定（enzyme-linked immunosorbent assay，ELISA）的原理、操作步骤及要领。

实验原理

ELISA是酶联免疫吸附测定的简称。它是继免疫荧光和放射免疫技术之后发展起来的一种免疫酶技术。此项技术自19世纪70年代初问世以来，发展十分迅速，目前已被广泛用于生物学、医学、食品、环境科学等诸多领域。

ELISA是以免疫学反应为基础，将抗原、抗体的特异性反应与酶对底物的高效催化作用结合起来的一种敏感性很高的试验技术。由于抗原、抗体的反应在一种固相载体——聚苯乙烯微量滴定板的孔中进行，每加入一种试剂孵育后，可通过洗涤除去多余的游离反应物，从而保证试验结果的特异性与稳定性。在实际应用中，对于不同的设计，具体的方法步骤可有多种，如用于检测抗体的间接法、用于检测抗原的双抗体夹心法以及用于检测小分子抗原或半抗原的抗原竞争法等。比较常用的是ELISA双抗体夹心法及ELISA间接法。

氯霉素（chloramphenicol，Cap）是一种广谱抗生素，具有良好的抗菌和药理特性，被广泛应用于动物的各种传染病的防治。但是氯霉素有严重的副作用，可导致再生障碍性贫血。欧盟和美国规定在动物性食品中不得检出氯霉素。ELISA法通过快速简便的样品制备，可快速检测水产组织、畜禽组织、肝脏、蛋类、蜂蜜、牛奶及饲料等样品中的氯霉素药物残留量。氯霉素是小分子物质，本实验以包被偶联抗原的间接竞争法为例测定蛋类中的氯霉素残留量。

鸡蛋中残留的氯霉素用乙腈-水溶液提取，乙酸乙酯萃取，正己烷除脂，用酶联免疫吸附测定法测定。检测试剂盒由预包被偶联抗原的酶标板、辣根酶标记物、抗体、标准品及其他配套试剂组成。检测时，加入标准品或样品溶液，样本中的氯霉素药物和酶标板上预包被偶联抗原竞争抗氯霉素药物抗体，加入酶标记物后，用四甲基联苯胺（3,3′,5,5′-Tetramethylbenzidine，TMB）底物显色，样本吸光度值与其所含氯霉素药物含量呈负相关，与标准曲线比较即可得出样本中氯霉素药物的残留量。

仪器与试剂

1. 仪器

酶标仪(配备 450 nm 滤光片),旋转蒸发仪,匀浆器,振荡器,冷冻离心机,微量移液器(单道 20 μL、50 μL、100 μL、1000 μL,多道 50～250 μL),天平(感量 0.01 g),氮吹仪。

2. 试剂和材料

乙酸乙酯,乙腈,正己烷。

氯霉素检测试剂盒:

① 氯霉素系列标准品:各 1 mL(0、0.05 ppb、0.15 ppb、0.45 ppb、1.35 ppb、4.05 ppb);② 酶标板:96 孔,包被偶联抗原;③ 高标准品:100 ppb;④ 酶标记物;⑤ 抗体工作液⑥ 底物溶液 A、B;⑦ 终止液;⑧ 浓缩洗涤液;⑨ 浓缩复溶液。

所用试剂,除特殊注明者外均为分析纯试剂;水为符合 GB/T 6682 规定的二级水。

 实验步骤

1. 样本前处理

实验中必须使用一次性吸头,在吸取不同的试剂时要更换吸头。实验前要检查各种实验器具是否干净,要使用洁净实验器具,以避免污染物干扰实验结果。

(1) 配液

配液 1:乙腈-水溶液,$V_{乙腈} : V_水 = 84 : 16$。

配液 2:样本复溶液。浓缩复溶液在使用前按要求用去离子水稀释,用于样本提取后的复溶。

(2) 蛋类样本提取和纯化

① 取(3±0.05) g 均质的蛋类样本并置于 50 mL 离心管中,加 9 mL 乙腈-水溶液振荡混合 2 min,15 ℃,4000 r/min 离心 10 min。

② 取上层液体 3 mL 并置于另一离心管中,加入 3 mL 去离子水,再加 4.5 mL 乙酸乙酯振荡 1 min,5 ℃,4000 r/min 离心 10 min。

③ 取全部上层液体在 50～60 ℃下用氮气吹干。

④ 用 1 mL 正己烷溶解干燥的残渣,再加入 2 mL 样本复溶液振荡混合 30 s,室温,4000 r/min 离心 5 min。

⑤ 去除上层有机相,取下层水相 50 μL 进行分析。

样本稀释倍数:2 倍。

2. 试样测定

将所需试剂从 4 ℃冷藏环境中取出,置于室温平衡 30 min 以上,洗涤液冷藏时可能会有结晶,需恢复到室温以充分溶解,每种液体试剂使用前均要摇匀。取出需要数量的微孔板及框架,将不用的微孔板放入自封袋,于 2～8 ℃保存。

实验开始前要将浓缩洗涤液用去离子水按要求稀释成工作洗涤液。

① 编号:将样本和标准品对应微孔按序编号,每个样本和标准品做 2 孔平行,并记录标准孔和样本孔所在的位置。

② 加样反应：加标准品或样本 50 μL/孔到各自的微孔中，然后加抗体工作液 50 μL/孔，轻轻振荡 5 s 混匀，在 25 ℃下避光反应 30 min。

③ 洗涤：将孔内液体甩干，用工作洗涤液以 250 μL/孔充分洗涤 5 次，每次间隔 30 s，最后用吸水纸拍干。

④ 加酶反应：加酶标记物 100 μL/孔，在 25 ℃下避光反应 30 min。

⑤ 洗涤：同步骤③。

⑥ 显色：加底物溶液 A 50 μL/孔，再加底物溶液 B 50 μL/孔，轻轻振荡 5 s 混匀，在 25 ℃下避光显色 15 min。

⑦ 终止：加终止液 50 μL/孔，轻轻振荡混匀，终止反应。

⑧ 测吸光值：用酶标仪于 450 nm 处测定每孔吸光度值（建议用双波长 450 nm/630 nm）。测定应在终止反应后 10 min 内完成。

 注意事项

（1）室温低于 20 ℃或试剂及样本没有回到室温（20～25 ℃）会导致所有标准的 OD 值偏低。

（2）样品加样量应准确。

（3）在操作过程中，应尽量避免反应微孔中有气泡产生。

（4）使用微量移液器手工加样时，每次应该更换吸头吸取样品。

（5）在洗板过程中如果出现板孔干燥的情况，则会出现标准曲线不呈线性，重复性不好的现象。所以，洗板拍干后应立即进行下一步操作。

（6）混合要均匀，洗板要彻底，在 ELISA 分析中的重现性，很大程度上取决于洗板的一致性。

（7）在所有孵育过程中，用盖板膜封住微孔板，避免光线照射。

（8）不要使用过了有效日期的试剂盒，稀释或掺杂使用会引起灵敏度降低。不要交换使用不同批号试剂盒中的试剂。

（9）显色液若有任何颜色表明变质，应当弃之。0 标准品的吸光度值小于 0.5 个单位（$A_{450\,nm}<0.5$）时，表示试剂可能变质。

（10）反应终止液具有腐蚀性，如不慎接触皮肤或衣物请立即用大量自来水冲洗。

（11）试剂盒储藏条件：于 2～8 ℃保存，不要冷冻。

 结果与讨论

1. 百分吸光度值的计算

标准品或样本的百分吸光度值等于标准品或样本的平均吸光度值（双孔）除以第一个标准品（0）的平均吸光度值，再乘以 100%，即

$$百分吸光度值 = \frac{A}{A_0} \times 100\%$$

式中，A 为标准品或样本的平均吸光度值，A_0 为 0 浓度标准品的平均吸光度值。

2. 标准曲线的绘制与计算

以标准品百分吸光度值为纵坐标，对应的标准品浓度（ppb）的对数为横坐标，绘制标准

品的半对数曲线图。将样本的百分吸光度值代入标准曲线中,从标准曲线上读出样本所对应的浓度,再乘以其对应的稀释倍数即为样本中待测物的实际浓度。

思考题

(1) ELISA 有哪些类型? 其原理是什么?
(2) 如何保证测定结果的重现性?

附　酶标仪简介

酶联免疫检测仪,又称酶标仪,是酶联免疫吸附试验的专用仪器。可简单地分为半自动和全自动两大类,但其工作原理类似,核心都是一个比色计,即用比色法来分析抗原或抗体的含量。酶标仪测定一般要求测试液的最终体积在 250 μL 以下,用一般光电比色计无法完成测试,因此酶标仪中的光电比色计有特殊要求。不同类型的酶标仪具有不同的测定波长、吸光度范围、光学系统、检测速度、振板功能、温度控制、定性和定量测定软件等。全自动酶免疫分析系统还具有自动洗板、温育和加样等功能。

1. 测定波长

一般酶标仪的测定波长为 400~750 nm,最常用的是 450 nm 和 492 nm 两个波长。各种酶标仪都配有放置滤光片的可自动转换的部件,可以同时安装 6~8 片滤光片,所配备的滤光片均应包括上述两个波长,有的酶标仪以 490 nm 滤光片替代 492 nm 滤光片,影响不大。除了这两个基本滤光片外,考虑到双波长比色的需要,还应有 620 nm、630 nm、650 nm 和 405 nm 波长的滤光片,其他滤光片可根据自己的需要选择。

"单波长"是使用一种对显色具有最大吸收的波长即 450 nm 或 492 nm 进行比色测定;而"双波长"则除了用对显色具有最大吸收的波长即 450 nm 或 492 nm 进行比色测定外,同时用对特异显色不敏感的波长如 630 nm 进行测定,酶标仪最后打印出来的吸光度则为二者之差。在 630 nm 波长下得到的吸光度是非特异的,来自板孔上诸如指纹、灰尘、脏物等的吸收。因此,在 ELISA 比色测定中,最好使用双波长,且不必设空白孔。

2. 测定的吸光度范围

通常酶标仪的吸光度测定范围在 0~2.5 即可以满足 ELISA 的测定要求。早期的酶标仪可测定的吸光度一般在此范围内。但现在基本上都进行了拓宽,可达到 3.5 以上,并且能保持很好的精密度与线性。

3. 光学系统

酶标仪的光学系统采用的是垂直光路多通道(通常为 8 或 12 通道,亦有单通道)检测,一般为硅光管或光导纤维,除测定通道外,有的酶标仪还有一个参比通道,每次测定可进行自我校准。酶标仪的光学系统功能如何,均可通过酶标仪测定的吸光度范围、线性度、精密度和准确度等体现出来。测定的精密度与测定通道之间的均一性有直接关系。单通道可避免由通道不同所致的差异。

4. 检测速度

酶标仪的检测速度是指其完成比色测定所需要的时间。检测速度快,有利于提高检测的精密度,即避免在测定过程中,由测定时间不同所致的各微孔间吸光度的差异。目前市场上常见的酶标仪检测速度都非常快,通常在数秒内即可完成全部测试。

5. 振板功能

酶标仪的振板功能是指酶标仪在对 ELISA 板孔进行比色测定前对其进行振荡混匀,使板孔内颜色均一,避免沉淀对检测结果的影响。目前市场上常见的酶标仪均有振板功能,所不同的是振板方式,好的酶标仪可以任意调节振荡方式,如上下、左右、旋转振荡,振荡幅度也可调节。

6. 温育功能

温育功能只是酶标仪的一个附加功能,它是指酶标仪本身能按要求自动精确地控制仪器内部的温度,使得 ELISA 测定中微孔板条的温育过程可在仪器内部进行,而无需再外配温箱。

7. 软件功能

软件功能是指酶标仪所具有的对 ELISA 定性和定量测定进行统计分析并报告结果的功能。软件功能是酶标仪的一个非常重要的功能。对于用户来说,好的软件功能,对实际工作会有较大的帮助。

在 ELISA 定性测定中,酶标仪如具有阳性判断值(cut-off)及测定"灰区"(即指测定吸光度处于 cut-off 周围的一定区域,此区域内结果应为"可疑")的统计计算功能,不但方便了实验室工作人员,而且在某些特定的情况下,有很高的实用价值。

合适的软件功能对于 ELISA 定量测定很重要。四参数方程能较好地反映免疫测定的剂量反应曲线,适合于酶免疫定量测定的曲线拟合。

(张明翠)

实验 42　电沉积法制备金纳米修饰电极及其对水合肼的电化学响应考察

 实验目的

(1) 了解电沉积法的原理,学会使用电沉积法制备金纳米修饰电极。

(2) 熟练掌握电化学工作站的使用,运用循环伏安法考察物质的电化学响应。

 实验原理

电沉积(又叫电解沉积)是金属盐溶液或者熔融物在阳极沉积为金属或者合金的电解过程。电沉积过程中晶体的生长过程与气相和液相的结晶相似。

在普通的玻碳电极上,肼在 +0.98 V(相对于 SCE)电位附近有一个宽的不可逆氧化波。由于金纳米具有良好的导电性、电催化能力和生物相容性,经过金纳米修饰后的玻碳电极可以有效降低肼类化合物氧化过电位,在适宜的电位窗口显示良好的氧化峰。

 仪器与试剂

1. 仪器

CHI815 电化学工作站,玻碳电极(工作电极)、铂丝电极(辅助电极)和饱和甘汞电极(参比电极)组成的三电极体系。

2. 试剂

氯金酸($HAuCl_4$),水合肼,乙醇和水。

 实验步骤

1. 玻碳电极的预处理

将经电化学处理过的玻碳电极,分别用乙醇和水超声清洗 1 min,在空气中晾干备用。

2. 金纳米修饰玻碳电极的制备

将三电极体系置于 $1\ mg \cdot mL^{-1}$ $HAuCl_4$ 溶液中,采用恒电位电沉积方法制备金纳米修饰的玻碳电极。

3. 沉积方法

采用恒电位电沉积法(amperometric i-t curve (i-t))。

参数设置:初始电位 (V) = −0.26;

运行时间(s) = 20;

运行圈数 = 1;

静置时间 (s) = 0;

灵敏度(A · V^{-1}) = 5 × 10^{-5}。

沉积溶液:1 mg · mL^{-1}氯金酸溶液。

4. 金纳米修饰玻碳电极对水合肼的电化学响应考察

利用循环伏安法考察水合肼在所制备的金纳米修饰玻碳电极上的电化学响应,并了解不同扫描速率条件下,水合肼的循环伏安响应。

考察方法:循环伏安法(cyclic voltammetry,CV)。

参数设置:初始点位(V) = −0.2;

高电位(V) = 0.5;

低电位(V) = −0.2;

初始扫描方向:负向;

扫描速率(V · s^{-1}) = 0.1;

扫描片段 = 2;

采样间隔(V) = 0.001;

静置时间(s) = 2;

灵敏度(A · V^{-1}) = 5 × 10^{-5}。

考察溶液:2.50 mL 磷酸盐缓冲溶液(pH = 7.0)加 2.50 mL 1 × 10^{-3} mol · L^{-1}水合肼的混合溶液。

改变扫描速率,依次设置不同的扫描速率 0.05 V · s^{-1}、0.10 V · s^{-1}、0.15 V · s^{-1}、0.20 V · s^{-1},…,0.5 V · s^{-1},考察水合肼的电化学响应。

 注意事项

(1) 实验前要通氮气除氧 10 min,且整个实验保持在氮气气氛下进行。

(2) 注意电极不要接错。

 结果与讨论

考察修饰电极在不同扫描速率下对 2.50 mL 磷酸盐缓冲溶液(pH = 7.0)加 2.50 mL 1 × 10^{-3} mol · L^{-1}水合肼的混合溶液的循环伏安图,绘制 I_{pa} 与 v 或 $v^{1/2}$ 的关系曲线,判断电极反应的控制因素。将实验结果记录于表 42.1 中。

表 42.1 实验结果

扫描速率 $\nu/(mV \cdot s^{-1})$	氧化峰电流 $I_{pa}/\mu A$	氧化峰电位 E_{pa}/V

（王广凤）

实验 43　多巴胺的电化学识别及检测

实验目的

（1）了解分子印迹聚合物（MIP）的识别原理，学习其电化学合成方法。
（2）熟练掌握电化学工作站的使用，学习用电化学方法研究修饰电极电化学性质的一般方法。

实验原理

为克服天然的分子识别受体存在的制取复杂、存储和操作不便、易失活等缺点，科研工作者从仿生角度出发，采用人工方法制备对模板分子具有专一性结合作用的分子印迹聚合物。其一般制备过程是将相互作用的模板分子-功能单体与交联剂混合发生聚合反应，生成高度交联的聚合物，然后将模板分子洗脱除去。这样，在 MIP 骨架上就留下了与模板分子在空间结构和化学官能团两方面均互补的识别位点，具有"分子记忆"功能，可以选择性地识别模板分子。MIP 具有亲和性和选择性高、抗恶劣环境能力强、稳定性好、可再生使用等优点，因此其在色谱分离、模拟酶催化、固相萃取、手性拆分、仿生传感等领域已有广泛应用。采用表面印迹技术在电极表面通过电化学聚合的方法制备 MIP，不仅方法简单，而且印迹位点都集中在聚合物薄层中，克服了传统块状 MIP 存在的传质速率慢、后处理烦琐等诸多缺点，对印迹分子具有较快的结合速率和较好的识别性能。

多巴胺（DA）是神经递质的典型代表，脑内多巴胺神经功能失调是精神分裂症和帕金森病的重要原因。DA 含量的准确测定，对揭示神经系统的活动奥秘具有十分重要的意义。电化学法可快速测定 DA，但生物体内共存的抗坏血酸对 DA 的检测产生严重干扰。利用 MIP 修饰电极可对 DA 进行识别，进而实现对 DA 的选择性检测。

仪器与试剂

1. 仪器

电化学实验在 CHI660 电化学工作站（上海辰华仪器公司）上进行，使用三电极体系，以玻碳电极（GCE，直径为 3.0 mm）或 MIP 修饰电极作工作电极，以铂丝电极作对电极，以饱和甘汞电极（SCE）作参比电极。

2. 试剂

多巴胺，抗坏血酸（AA），尿酸（UA），肾上腺素（EP），吡咯（PY）等。试剂均为分析纯级且用二次蒸馏水配制为所需浓度。

实验步骤

1. MIP 修饰电极的制备

将 $0.1\ mol\cdot L^{-1}\ LiClO_4$、$0.026\ mol\cdot L^{-1}\ PY$、$0.02\ mol\cdot L^{-1}\ DA$ 混合均匀后,通氮气除氧 5 min。将玻碳电极浸入聚合液中,采用循环伏安法在 $-0.8\sim +1.0\ V$ 电位范围内,循环扫描 5 圈,即得聚合物膜修饰电极。然后在 $0.05\ mol\cdot L^{-1}$ 磷酸盐缓冲溶液(PBS,pH=7.0)底液中用电化学方法洗脱 DA,制得 MIP 修饰电极。在同样的实验条件下,不加 DA,制备得到非印迹聚合物(NIP)修饰电极作比较。

2. 修饰电极的性质研究

将 MIP 修饰电极和 NIP 修饰电极置于 PBS 中,在 $-0.2\sim +0.6\ V$ 电位范围内进行差示脉冲伏安(DPV)扫描。DA 在该电位范围内被氧化,在 0.18 V 附近出现氧化峰,其电化学氧化机理如下:

$$\text{HO} \underset{\text{HO}}{\overset{\text{CH}_2\text{CH}_2\text{NH}_2}{\bigcirc}} \longrightarrow \text{O} \underset{\text{O}}{\overset{\text{CH}_2\text{CH}_2\text{NH}_2}{\bigcirc}} + 2H^+ - 2e^- \qquad (43.1)$$

比较两种修饰电极在空白底液和 $1.0\times10^{-5}\ mol\cdot L^{-1}$ DA 溶液中得到的氧化峰电流,评价 MIP 修饰电极对 DA 的特异性吸附能力。

3. MIP 修饰电极对 DA 的测定

将 MIP 修饰电极置于空白底液中,不断加入 DA 标准溶液,进行 DPV 扫描,记录 0.18 V 附近的氧化峰电流(i_{DA}),并绘制 i_{DA}-c_{DA}(浓度)标准曲线。

在两份空白底液中,分别加入 $1.0\times10^{-5}\ mol\cdot L^{-1}$ DA 和 $1.0\times10^{-3}\ mol\cdot L^{-1}$ AA,利用 MIP 修饰电极进行测定,记录 0.18 V 附近的氧化峰电流,评价修饰电极对 DA 的识别能力。

向空白底液中加入适量的多巴胺盐酸注射液,使其在电解液中的浓度为 $2.0\times10^{-6}\ mol\cdot L^{-1}$。利用 MIP 修饰电极进行测定,记录 0.18 V 附近的氧化峰电流,计算回收率,评价修饰电极的实际应用能力。

 注意事项

(1) 玻碳电极要经过预抛光处理。
(2) 实验过程中要通氮气除氧。
(3) 电解液的 pH、循环伏安扫描圈数和速率、PY 浓度等要严格控制。
(4) 加入的 DA 标准溶液量要准确。

 结果与讨论

1. MIP 修饰电极实际应用能力评价

以 i_{DA} 为纵坐标,对应的 c_{DA} 为横坐标,绘制标准曲线图,得到线性回归方程。将注射液检测的氧化峰电流值代入回归方程中,得到对应的 DA 浓度。计算出其与加入的 DA 浓度的比值,得到回收率。

2. MIP 修饰电极的识别能力评价

通过比较 MIP 修饰电极对 DA 和 AA 的氧化峰电流,计算印迹因子(IF):

$$IF = \frac{i_{DA}}{i_{AA}}$$

其中,i_{DA} 和 i_{AA} 分别为底液中加入 1.0×10^{-5} mol·L^{-1} DA 和 1.0×10^{-3} mol·L^{-1} AA 时的氧化峰电流。

IF 越大,说明该修饰电极对模板分子 DA 具有越高的识别能力。

 **思考题**

(1) 循环伏安扫描圈数和速率对 MIP 的制备有何影响?

(2) 比较 MIP 和 NIP 修饰电极对 DA 测定的氧化峰电流有什么意义?

（阚显文）

实验 44　碳量子点的合成及对茶叶中咖啡因的荧光检测

 实验目的

(1) 学习碳量子点的制备方法。

(2) 学习荧光光谱法检测咖啡因的方法。

(3) 掌握荧光光谱仪的操作规程和相应的图谱分析方法。

 实验原理

咖啡因($C_8H_{10}N_4O_2$),是一种黄嘌呤生物碱化合物。作为一种重要的中枢神经兴奋剂,咖啡因能够暂时驱走睡意并恢复精力,在临床上用于昏迷复苏,是世界上最普遍使用的精神药品。世界卫生组织国际癌症研究机构在 2017 年公布的致癌物清单中,咖啡因属于 3 类致癌物,即"尚不能分类"的致癌物。茶叶是咖啡因的一个重要来源,本实验采用荧光光谱法对茶叶中咖啡因的含量进行准确测定。

碳量子点(CQDs)是一种尺寸小于 10 nm 的新型碳材料,不仅具有类似传统无机半导体量子点的发光性能,而且具备制备方法比较简便、制备成本低廉、生物毒性低、生物相容性良好等特点,在生物成像、太阳能电池、光催化等领域展现出广阔的应用前景。本实验以柠檬酸为碳源,硫代硫酸钠为钝化剂,利用微波辅助,合成硫掺杂碳量子点 S-CQDs。在 340 nm 紫外光激发下,S-CQDs 产生的强烈蓝色荧光可被 Cu^{2+} 猝灭。但是加入咖啡因后,由于形成了铜-咖啡因复合物,S-CQDs 的荧光得到明显恢复,从而实现了对咖啡因的灵敏测定。

 仪器与试剂

1. 仪器

250 mL 容量瓶,荧光分光光度计,微波炉(700 W),微孔滤膜(0.22 μm),研钵,水浴装置,高速离心机,比色皿,250 mL 锥形瓶等。

2. 试剂

氧化镁,柠檬酸,氢氧化钠,硫代硫酸钠,咖啡因标准溶液,硫酸铜,磷酸盐缓冲溶液(PBS,0.1 mol·L^{-1},pH=7.0),茶叶样品。

实验步骤

1. S-CQDs 的制备

将 0.8 g 硫代硫酸钠和 2.0 g 柠檬酸加入 5 mL 水中,待溶解完全后置于微波炉中加热 5 min。将得到的固体均匀分散于 50 mL 去离子水中,离心 20 min(10000 r·min⁻¹)。取上清液,用微孔滤膜过滤,制得淡黄色的 S-CQDs 水溶液。

2. 标准曲线的制作

将 0.07 mg·mL⁻¹ S-CQDs 和 0.01 mol·L⁻¹ Cu²⁺(40 μL)加入 1 mL 水中,混合均匀后转移到比色皿中,用水稀释至 2 mL。向比色皿中加入不同浓度的咖啡因标准溶液,90 s 后,在 340 nm 处进行激发,测定 435 nm 处不同溶液的荧光强度。以相对荧光强度和对应的咖啡因浓度绘制标准曲线。

3. 茶叶中咖啡因的提取

准确称取经粉碎后低于 30 目的均匀茶叶样品 1 g(精确至 0.001 g),置于 250 mL 锥形瓶中,加入约 200 mL 水,沸水浴 30 min,不时振摇;取出,流水冷却 1 min。加入 5 g 氧化镁,振摇,再放入沸水浴 20 min,取出锥形瓶,冷却至室温。转移至 250 mL 容量瓶中,加水定容至刻度,摇匀,静置,取上清液经微孔滤膜过滤,备用。

4. 茶叶中咖啡因的测定

在与步骤 2 相同的条件下,用茶叶中咖啡因的提取液代替咖啡因标准溶液,测定荧光强度,通过标准曲线法计算得到该茶叶样品中咖啡因的准确含量。

 注意事项

(1) 茶叶中咖啡因的提取要严格按照国家标准进行。
(2) 在测定前,咖啡因提取液浓度要稀释至线性范围内。

 结果与讨论

咖啡因的测定机理:淡黄色的 S-CQDs 水溶液在 340 nm 处激发后,产生强的荧光发射,其最大发射波长为 435 nm。Cu²⁺ 作为一种顺磁性离子,具有未填充的 d 轨道,当其加入到 S-CQDs 水溶液中时,通过电子或能量转移猝灭 S-CQDs 的荧光。而咖啡因中的氧原子和氮原子与 Cu²⁺ 之间具有很强的亲和力,能够形成铜-咖啡因复合物。因此,加入的咖啡因诱导了 Cu²⁺ 从 S-CQDs 表面的解吸,使得 S-CQDs 的荧光得到明显恢复。利用回升的荧光强度与加入的咖啡因浓度之间的定量关系,采用标准曲线法实现对实际样品中咖啡因的测定。

 思考题

(1) S-CQDs 的表征方法有哪些?
(2) 为什么要控制溶液的 pH?
(3) 增大 S-CQDs 的浓度,可能会产生什么影响?

(阚显文)

实验 45　电感耦合等离子体发射光谱仪对苹果汁中多种金属元素分析

 实验目的

(1) 掌握电感耦合等离子体发射光谱(ICP-OES)的样品处理方法。

(2) 巩固 ICP-OES 仪器操作方法和实验条件的选择。

(3) 通过对苹果汁中多种金属元素的测定,掌握 ICP-OES 的分析应用。

 实验原理

苹果汁中的金属离子易与酚类物质发生络合反应,形成稳定的五元环螯合物,进而使苹果汁混浊,影响苹果汁的品质。而且长期少量摄入某些金属离子会给人类身体健康埋下隐患。随着国内外对苹果汁质量和食品安全的日益关注,人们对苹果汁中金属离子的种类及含量提出了严格的要求。ICP-OES 可对苹果汁中多种金属元素同时进行测定。其检测结果准确度和灵敏度高,线性范围宽,检测限低。

ICP-OES 利用原子(离子)受激的外层电子从较高的激发态能级跃迁到较低的能级或基态时发射的特征谱线对待测元素进行分析。在通常情况下,物质中的原子(离子)处于基态(E_0),当受到外界能量(如热能、电能等)作用时,核外电子跃迁至较高的能级(E_n),即处于激发态,激发态原子(离子)是十分不稳定的,其寿命大约为 10^{-8} s。当原子(离子)从较高能级跃迁至较低能级(E_i)或基态时,多余的能量以光辐射形式释放出来:

$$\Delta E = E_n - E_i = \frac{hc}{\lambda}$$

其辐射能量与辐射波长之间的关系符合普朗克公式。

将光源发出的复合光经分光系统分解成按波长顺序排列的谱线,形成光谱;由于各种元素的原子(离子)结构不同,原子(离子)的能级状态不同,其受激发后辐射出特征光谱。根据谱线的特征波长对样品进行定性分析。

特征谱线的强度常用辐射强度 $I(\text{J} \cdot \text{S}^{-1} \cdot \text{m}^{-3})$ 表示。若原子(离子)的外层电子在 i、j 两个能级之间跃迁,跃迁概率为 A_{ij},处于基态的粒子数为 N_0,发射光谱线的频率为 ν_{ij},则谱线强度表达式为

$$I_{ij} = \frac{g_i}{g_0} \cdot A_{ij} \cdot h \cdot \nu_{ij} \cdot N_0 \cdot e^{-\frac{E_i}{kT}}$$

式中,g_i、g_0 分别为激发态和基态的统计权重,k 为玻尔兹曼常数。当激发源保持稳定,确定了分析线,T、g_i、g_0、A_{ij}、ν_{ij} 和 E_i 均为常数。其谱线强度 I_{ij} 正比于 N_0,N_0 正比于样品浓度

c。因此,谱线强度 I_{ij} 正比于浓度 c,这是 ICP-OES 定量分析的基础。

 ## 仪器与试剂

1. 仪器

三口烧瓶,玻璃珠,电炉,容量瓶,电子天平,ICAP PRO 系列 ICP-OES。

2. 试剂

苹果汁,硝酸,硫酸,过氧化氢,二次蒸馏水。多元素标准储备液,用 5% 硝酸逐级稀释,配制成浓度为 $0.1\ \mu g \cdot mL^{-1}$、$0.2\ \mu g \cdot mL^{-1}$、$0.5\ \mu g \cdot mL^{-1}$、$1\ \mu g \cdot mL^{-1}$、$2\ \mu g \cdot mL^{-1}$、$5\ \mu g \cdot mL^{-1}$ 和 $10\ \mu g \cdot mL^{-1}$ 的溶液。

 ## 实验步骤

1. 样品处理

准确称取苹果汁 10.0000 g 并置于三口烧瓶中,加入玻璃珠,再依次加入 50 mL 硝酸和 10 mL 硫酸,加盖,放置过夜。在电炉上加热硝化,待苹果汁完全碳化后,逐滴加入过氧化氢使溶液澄清,冷却后,用 5% 硝酸定容到 100 mL 的容量瓶中。待测。

2. 仪器操作

(1) 打开氩等离子体气体。在仪器附件的仪表上将压力设置为 0.55 MPa。

(2) 打开 ICAP PRO 系列 ICP-OES 电源。

(3) 打开冷却水装置。

(4) 使用所需数量的共四(三)个张力指将张力臂推到蠕动泵的辊上。样品需要一个通道,排放管需要另一个。其他通道是可选的。

(5) 确保将排放管放在敞口的容器中。

(6) 将样品管置于空白溶液中。

(7) 打开计算机。

(8) 在桌面上单击 Qtegra ISDS 图标。

① 选择测定元素及谱线波长,如表 45.1 所示。

表 45.1　测定元素

元素	Cd	Sn	Fe	Pb	Zn	As	Cu
波长/nm	228.802	189.989	259.940	220.353	213.856	189.042	324.754

② 选择射频功率及 3 路气体压力。

③ 选择积分时间。

④ 检查泵转动是否正常,废液管有废液流出。

⑤ 开通风装置。

(9) 按照选定条件,点燃等离子体,使用空白溶液让等离子体运行约 15 min。

(10) 依次测标准空白、标准样品、未知水样。

(11) 实验完毕,用空白样和去离子水依次清洗雾化器、进样管。

(12) 依次关等离子炬、操作软件、循环冷却水和供气。

(13) 在软件上进行数据分析、处理。测量样品中待测元素的谱线强度值,利用已作出的标准工作曲线,计算出样品中该元素的浓度。

（14）关闭软件及计算机。等待 5 min,然后关闭仪器电源。关通风装置。释放样品泵张力臂上的张力。

注意事项

（1）激发光源为高电压、高电流装置,要注意安全,遵守操作规程。
（2）等离子体光源有强烈紫外线会灼伤眼睛,点炬后,严禁开防护门。
（3）点炬前,打开通风设备,使有害蒸气排出。

结果与讨论

（1）根据谱线波长确定元素。
（2）根据标准曲线计算苹果汁中各元素的含量。

思考题

（1）电感耦合等离子体发射光谱法定性分析的依据是什么？定量分析的依据是什么？
（2）如何选择最佳实验条件？

（戴小妹）

实验 46　双发射半导体聚合物纳米点探针的制备及饮料中亮蓝色素的比率荧光检测

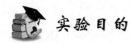

实验目的

(1) 了解半导体聚合物纳米点的制备原理和制备方法。
(2) 熟悉荧光探针构筑的基本原理，了解比率型荧光探针的定义及优势。

实验原理

　　亮蓝(brilliant blue)，别名为食用青色 1 号，是由苯甲醛邻磺酸与 N-乙基-N-(3-磺基苄基)-苯胺缩合后氧化制成的食用合成色素。由于具有成本低、稳定性好、着色效果好等优点，亮蓝色素被广泛地添加于食品中。但长期过多食用亮蓝色素会给儿童带来危害，如多动症、精神亢奋等。《食品安全国家标准　食品添加剂使用标准》(GB 2760—2014)中明确规定了亮蓝的限量值为 $0.025\sim0.5\ \text{g}\cdot\text{kg}^{-1}$。因此，食品饮料中亮蓝色素的简便、灵敏检测有助于保障食品安全，具有一定科学意义和现实价值。

　　荧光分析法由于具有操作便捷、设备简单、灵敏度高、选择性强等特性，有望被广泛用于亮蓝检测中。传统的荧光分析主要依靠单个发射峰的强度变化来实现定量检测，不可避免会受到很多不利因素(如探针浓度、测试环境和仪器波动)影响，导致较大误差。

　　与依靠单个发射峰强度变化进行定量的荧光探针不同，比率型荧光探针利用两个不同波长荧光发射峰的强度比值来进行量化，可以通过自我校正排除上述不利因素影响，从而实现更精确和更灵敏的检测。此外，比率型荧光探针可以实现样品溶液在不同颜色间进行转变，有利于实现检测的可视化和便携性。

　　一般来说，荧光探针由荧光团、连接部分和识别部分三个部分组成(图 46.1)。其中荧光团的特性(如荧光亮度、光稳定性、修饰灵活性等)很大程度上决定了荧光探针的分析性能。因此，发展基于新型荧光团材料的探针具有较好的科学价值和现实意义。

　　半导体聚合物纳米点(semiconducting polymer dots，Pdots)是近年发展起来的一类新型荧光纳米材料，含有 50%～100%共轭聚合物成分，具有超高荧光亮度、高量子产率、好的光稳定性、易于功能化修饰、良好信号放大效应等特点，非常适宜用来发展高性能的荧光探针，在化学、生物及临床应用方面已引起了广泛的研究兴趣。图 46.2 所示为制备半导体聚合物纳米点的常见荧光聚合物材料。

　　Pdots 的制备方法主要分为微乳液法和纳米共沉淀法两种。其中纳米共沉淀法由于无需其他试剂辅助，是目前制备 Pdots 的主流方法。主要过程如图 46.3 所示，将含聚合物的、

荧光团
连接部分
识别部分
F
S
R
目标物

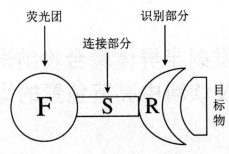

图 46.1 荧光探针的结构示意图

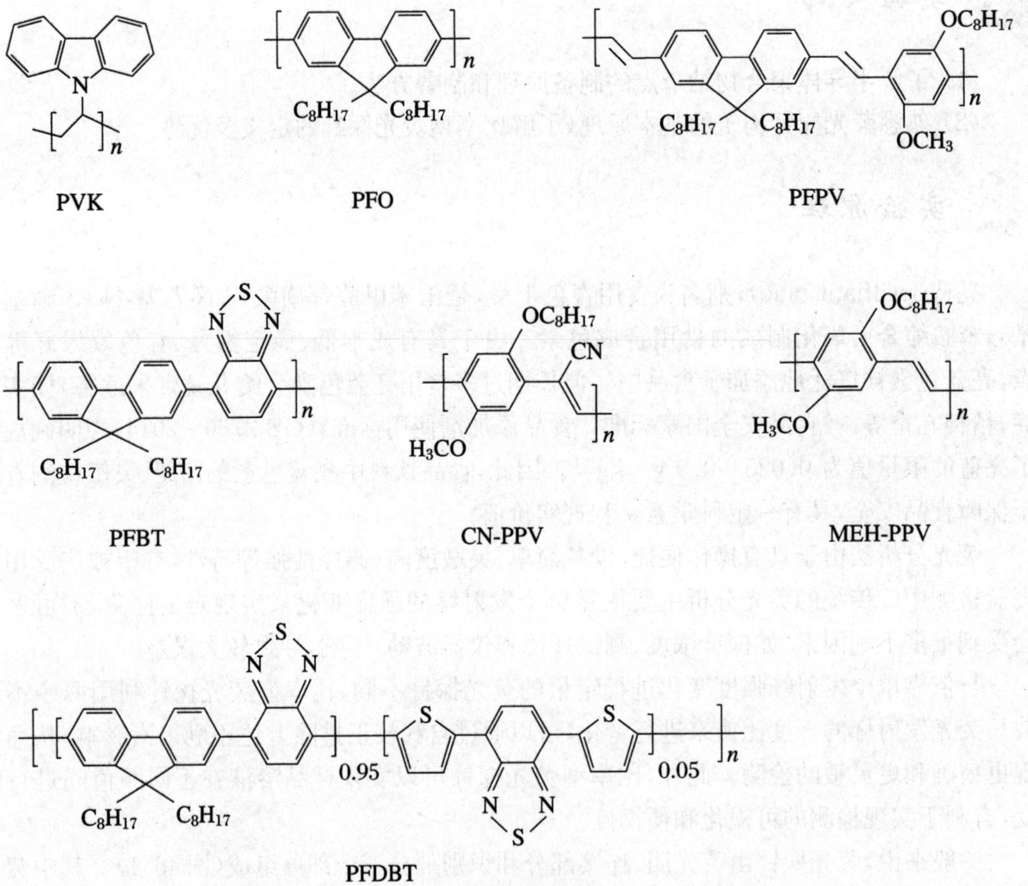

PVK
PFO
PFPV
PFBT
CN-PPV
MEH-PPV
PFDBT

图 46.2 制备半导体聚合物纳米点的常见荧光聚合物材料

能与水混溶的溶剂(四氢呋喃、二甲亚砜等)快速注入剧烈搅拌的水中,微环境的突然改变使得聚合物卷曲成球,形成半导体聚合物纳米点胶体溶液。纳米颗粒形成过程中,半导体聚合物中的不饱和键发生部分氧化形成氧负离子、氧桥、羟基等,使得纳米粒子带有负电荷并具有良好的水溶性。

图 46.3　纳米共沉淀法制备 Pdots 示意图

 仪器与试剂

1. 仪器

F-4700 荧光光光度计(附带盖石英比色皿 1 只),超声清洗器,加热板,电子天平,容量瓶若干。

2. 试剂

荧光聚合物 PFO 和 PFBT,四氢呋喃(THF),亮蓝色素,市售饮料,去离子水。

 实验步骤

1. 双发射半导体聚合物纳米点的制备

(1) 分别准确称取少量的 PFO 和 PFBT,使用 THF 作为溶剂,分别制备浓度为 $1.0 \, mg \cdot mL^{-1}$ 的 PFO 和 PFBT 的荧光聚合物储备液。

(2) 往小玻璃瓶中移取 1.9 mL THF,加入 20 μL PFO 储备液、80 μL PFBT 储备液,混合均匀,得到荧光聚合物溶液。

(3) 在剧烈超声条件下,将上述聚合物溶液快速注入 10 mL 纯水中,得到半导体聚合物纳米点的胶体溶液。

(4) 将上述胶体溶液置于 120 ℃ 的加热板上,缓慢加热,蒸发除去 THF 溶剂,得到双发射半导体聚合物纳米点探针。

2. 仪器操作

(1) 打开主机电源,预热 15 min。

(2) 进入 F-4700 操作软件,选择光谱扫描。

(3) 进行相关参数(扫描波长范围、激发波长、狭缝宽度等)设置。

(4) 测试样品荧光光谱,进行相应处理与分析。

(5) 实验结束,关闭仪器。

3. 试样制备及分析

(1) 分别移取 0、0.5 mL、1.0 mL、1.5 mL、2.0 mL 浓度为 100 μmol·L^{-1} 的亮蓝标液和 1.0 mL 样品储备液并置于 10 mL 容量瓶中,分别加入 50 μL 上述制备的双发射半导体聚合物纳米点探针。定容至刻度,制备成待测溶液。

(2) 上述待测溶液在室温下反应 5 min。以 380 nm 为激发波长,在 400 ~ 700 nm 范围内测荧光光谱。

(3) 以 PFBT 与 PFO 的发射峰的强度比值对浓度作图,得到标准曲线,计算样品含量。

注意事项

(1) 半导体聚合物纳米点制备过程中,含聚合物的有机溶剂要以较快速度注入水中,以保证半导体聚合物的快速分散。

(2) 石英比色皿每换一种溶液或溶剂要清洗干净,并用待测液润洗 3 次。

(3) 样品室的盖要轻开轻放。

结果与讨论

(1) 记录半导体聚合物纳米点的制备过程,了解胶体溶液表征的简单方法,了解由荧光聚合物到形成纳米颗粒的大致过程。

(2) 记录双发射半导体聚合物纳米点的荧光光谱,分析不同发射峰的归属,思考如何调整两个发射峰的强度比。

(3) 记录不同浓度标准亮蓝和样品体系的荧光发射光谱,以长波荧光峰和短波荧光峰的相对强度对浓度作图,得到标准曲线,计算市售饮料样品中亮蓝的含量。

思考题

(1) 根据半导体聚合物纳米点的制备原理,其形成的纳米颗粒可能具有哪些特性?

(2) 双发射半导体聚合物纳米点的不同发射峰的来源是什么? 其强度比应如何调整?

(3) 比率型荧光探针的优势有哪些?

(孙军勇　汪　祺)

实验 47　铜纳米酶的制备和性质研究

 实验目的

(1) 了解纳米酶的性质和特点。
(2) 掌握荧光分光光度法测定的原理、操作步骤及要领。
(3) 掌握紫外-可见分光光度计的使用方法。

 实验原理

　　纳米酶是一类具有模拟酶性质的纳米材料，具有催化活性可控、成本低、易于大规模制备、稳定性高等优点。在过去的几十年里，人们对纳米酶产生了越来越多的兴趣，各种纳米材料，例如贵金属、过渡金属以及碳基纳米粒子，均被报道具有显著的模拟酶活性。纳米酶的类酶性能从最开始的类过氧化物酶，拓展到了类过氧化氢酶、氧化物酶、超氧化物歧化酶、乳酸酶等多种不同模拟酶。

　　本实验以可溶性的铜盐 $CuCl_2$ 为前驱体，抗坏血酸（AA）为保护剂和还原剂，采用简单的一锅方法制备了铜纳米酶（同时也是一种铜纳米簇）。在过氧化物酶的作用下，过氧化氢可以氧化亚甲基蓝，使其褪色，在亚甲基蓝的吸收光谱中，665 nm 的吸收峰变弱，甚至消失。故而可以以亚甲基蓝为探针，考察制备的纳米酶的过氧化物模拟酶活性。在氧化物酶的作用下，溶解氧可以氧化对苯二甲酸，生成 2-羟基对苯二甲酸，发出 435 nm 的荧光，随着氧化反应的进行，荧光强度会越来越强。所以，可以对苯二甲酸为探针，考察该纳米酶的氧化物模拟酶活性。

 仪器与试剂

1. 仪器

　　磁力搅拌器，F-4500 型荧光分光光度计（日立，日本），UV-3010 紫外-可见分光光度计（日立，日本）。

2. 试剂

　　氯化铜，L-抗坏血酸，氢氧化钠，亚甲基蓝（10 μg・mL^{-1}），过氧化氢（10 mmol・L^{-1}），对苯二甲酸（0.1 mol・L^{-1}），二次去离子水，磷酸盐缓冲溶液。

实验步骤

1. 铜纳米酶的制备

将 0.6 mmol 的氢氧化钠和 0.6 mmol 的抗坏血酸溶于 50 mL 的水中,形成无色透明的溶液。然后量取 10 mL 的混合物通过注射器滴加的方式缓慢地滴加到 15 mL 的氯化铜水溶液($0.025\ mmol \cdot L^{-1}$)中,在室温条件下搅拌 10 min 左右,最终形成绿色澄清的铜纳米酶溶液。

2. 铜纳米酶的过氧化物模拟酶活性测定

(1) 紫外-可见分光光度计操作

① 打开主机电源,预热 15 min。

② 进入 UV-3010 操作软件,选择光谱扫描。

③ 进行相关参数(如扫描波长范围)设置。

④ 测试样品紫外-可见吸收光谱,进行相应处理与分析。

⑤ 实验结束,关闭仪器。

(2) 亚甲基蓝降解的紫外-可见光谱的测定

取 1 mL 亚甲基蓝溶液、1 mL 过氧化氢、上面制备的 1 mL 铜纳米酶和 7 mL 磷酸盐缓冲溶液($25\ mmol \cdot L^{-1}$,pH = 7.4),混合。测量该溶液不同时间的紫外-可见吸收光谱(400~800 nm):1 min、10 min、20 min、30 min、40 min、50 min 和 60 min。

3. 铜纳米酶的氧化物模拟酶活性测定

(1) 荧光分光光度计操作

① 打开主机电源,预热 15 min。

② 进入 F-4500 操作软件,选择光谱扫描。

③ 进行相关参数(扫描波长范围、激发波长、狭缝宽度等)设置。

④ 测试样品荧光光谱,进行相应处理与分析。

⑤ 实验结束,关闭仪器。

(2) 对苯二甲酸氧化产物 2-羟基对苯二甲酸的荧光光谱的测定

向 1 mL 对苯二甲酸溶液中加入 0.1 mL 铜纳米酶和 0.9 mL 二次去离子水。测量溶液不同时间的荧光光谱(激发波长为 315 nm):1 min、5 min、10 min、15 min、20 min、25 min 和 30 min。

 注意事项

(1) 制备铜纳米酶时,抗坏血酸溶液需要新鲜配制。

(2) 铜离子也可以加速过氧化氢的分解,在考察铜纳米酶的时候,要用相同浓度的铜离子做对照实验。

 思考题

（1）文献报道的具有过氧化物模拟酶活性的纳米材料有哪些？
（2）文献报道的具有氧化物模拟酶活性的纳米材料有哪些？

（何月珍　阙显文）

实验 48　铜纳米簇的制备及其荧光性质研究

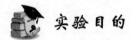 **实验目的**

（1）了解铜纳米簇（CuNCs）的制备原理和方法。
（2）掌握荧光分光光度法测定的原理、操作步骤及要领。

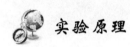 **实验原理**

金属纳米簇具有卓越的发光性能和良好的生物相容性，近年来被广泛应用于化学传感和生物成像领域。与 Pt、Au 和 Ag 等贵金属纳米簇相比，铜纳米簇的原料为铜盐，储量相对丰富、廉价易得，具有更大的实际应用价值。在制备 CuNCs 的过程中，要加入稳定剂或保护剂以避免纳米簇的聚集，故 CuNCs 的制备方法主要包括模板辅助法液相化学还原法和配体辅助法液相还原法。

本实验采用液相化学还原法（图 48.1），以可溶性的铜盐 $CuCl_2$ 为前驱体，抗坏血酸（AA）为保护剂和还原剂，制备得到铜纳米粒子（CuNPs）。然后以还原型谷胱甘肽为刻蚀剂，将制备得到的铜纳米粒子进一步刻蚀得到粒径更小的 CuNCs。

采用该方法制备的 CuNCs 在紫外灯激发下发出明亮的红色荧光（图 48.2(a)插图，彩图 4）。从激发光谱可以看出，CuNCs 的最大紫外吸收在 375 nm 处，此波长为其荧光激发波长。CuNCs 的荧光光谱表明，其最大发射波长为 652 nm（图 48.2(a)）。相较于传统的有机荧光染料，CuNCs 具有大的斯托克斯位移、较好的抗光漂白性、化学惰性等优点，而被逐渐用于生物成像和分析检测等领域。

透射电子显微镜把经过加速和聚集的电子束投射到非常薄的样品上，电子与样品中的原子碰撞而改变方向，从而产生立体角散射；样品中不同质量密度的元素对电子束产生不同程度的散射，形成明暗不同的影像，从而反映出样品的内部构造。透射电子显微镜是分析纳米晶体结构的重要工具。CuNCs 的形态可以用透射电子显微镜来观察，其结果如图 48.2(b)所示，本实验制备的 CuNCs 的粒径为（6 ± 3）nm。高分辨透射电子显微镜的结果（图 48.2(c)）清楚地显示了 CuNCs 的高结晶度，晶胞参数为 0.176 nm，这与硫化亚铜的（200）晶面保持一致（JCPDS 53-0622）。

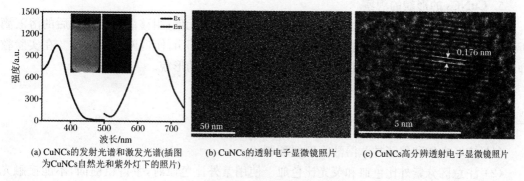

图 48.1　CuNCs 的合成示意图

(a) CuNCs的发射光谱和激发光谱(插图
为CuNCs自然光和紫外灯下的照片)

(b) CuNCs的透射电子显微镜照片

(c) CuNCs高分辨透射电子显微镜照片

图 48.2　CuNCs 的表征

 仪器与试剂

1. 仪器

磁力搅拌器,F-4500 型荧光分光光度计(日立,日本),UV-3010 紫外-可见分光光度计(日立,日本),Tecnai G220S-TWIN 型透射电子显微镜(FEI,美国)。

2. 试剂

无水氯化铜,L-抗坏血酸,还原型谷胱甘肽(GSH),氢氧化钠,二次去离子水,无水乙醇。

实验步骤

1. CuNPs 的制备

将 0.6 mmol 的氢氧化钠和 0.6 mmol 的抗坏血酸溶于 50 mL 的水中,形成无色透明的溶液。然后量取 10 mL 的混合物通过注射器滴加的方式缓慢地滴加到 15 mL 的氯化铜水溶液($0.025 \text{ mmol} \cdot \text{L}^{-1}$)中,室温条件下搅拌 10 min 左右,最终形成绿色澄清的 CuNPs 溶液。

2. CuNCs 的制备

将 GSH 水溶液(20 mL,40 mmol · L^{-1})与制备得到的 CuNPs 溶液混合,室温条件下搅拌 20 min,随着反应的进行,慢慢出现了白色沉淀。反应结束后,离心收集($8000 \text{ r} \cdot \text{min}^{-1}$,10 min),弃去沉淀,然后用无水乙醇洗涤 3 次。将产品再次分散到水中形成稳定的溶液。

3. CuNCs 的紫外-可见吸收光谱的测定

将制备的 CuNCs 用二次去离子水稀释至 $0.1 \text{ mmol} \cdot \text{L}^{-1}$,其吸收光谱采用紫外比色皿(1 cm×1 cm)在紫外-可见分光光度计上测量。扫描波长范围为 250~700 nm。

4. CuNCs 的荧光光谱测定

在一系列 5.0 mL 的容量瓶中,加入不同体积的 2 mmol · L^{-1} CuNCs,用水稀释到刻度线。配制好的 CuNCs 溶液的荧光强度用 1 cm×1 cm 荧光石英比色皿在荧光分光光度计上测量和记录。激发波长设置成 375 nm。激发狭缝和发射波长设置为 5 nm,负高压为 −400 mV。

5. CuNCs 的形貌的观察

将所制备的 CuNCs 溶液用二次去离子水稀释至近乎无色;用移液枪将稀释后的溶液滴于铜网的亮面上;将滴有样品的铜网置于红外灯下烘烤 0.5 h,使铜网充分干燥。在实验教师的指导下使用透射电子显微镜来观察所合成的 CuNCs 的形貌。

 注意事项

(1) 抗坏血酸和谷胱甘肽溶液需新鲜配制。

(2) 注意区分紫外比色皿和荧光比色皿。使用紫外比色皿时,手持粗糙面,不能接触光面;而使用荧光比色皿时应手持其棱角处,也不能接触光面。对于两种比色皿,测定完成后,都要立即将其清洗干净。

 **思考题**

(1) 目前金属纳米簇有哪些?主要有什么应用?

(2) 查阅相关文献,总结 CuNCs 的制备方法。

(何月珍　阚显文)

实验 49　氯化血红素功能化的石墨烯量子点测定 H_2O_2

实验目的

(1) 了解石墨烯量子点功能化的研究现状和方法。
(2) 了解 π-π 堆积和静电在纳米材料组装中的作用。

实验原理

由柠檬酸制备的石墨烯量子点表面钝化,荧光稳定性好,只有强的氧化剂(如次氯酸和羟基自由基等)才能破坏石墨烯量子点的表面状态猝灭其荧光,弱的氧化剂(如 H_2O_2 和 O_2 等)对石墨烯量子点的荧光几乎无影响。所以,石墨烯量子点的表面修饰对拓宽其实际应用至关重要。理论上,石墨烯量子点作为 π-共轭多芳环碳氢化合物分子,不仅具有很强的 π-π 共轭能力,而且因表面含有丰富的环氧基、羧基和羟基等基团而带正电荷,这使得石墨烯量子点具有良好的水溶性,同时也使得石墨烯量子点能够通过与各种有机、无机和生物物质间的共价和非共价作用而被功能化。

氯化血红素作为一种金属卟啉大环化合物,是一种具有 11 个共轭双键、26 个 π 电子的高度共轭体系,此外铁配离子使氯化血红素分子带正电荷。所以,氯化血红素可以通过 π-π 堆积作用和静电作用组装到石墨烯类物质的表面。此外,氯化血红素能够催化 H_2O_2 产生强氧化性的自由基,使后者的氧化性大大增强。

本实验中,氯化血红素和石墨烯量子点通过静电和 π-π 堆积作用,进行自组装,形成了氯化血红素功能化石墨烯量子点纳米复合物。该纳米复合物对 H_2O_2 十分敏感。借助于氯化血红素的催化,H_2O_2 可以转化为强氧化性的自由基,破坏石墨烯量子点的表面钝化、猝灭石墨烯量子点的荧光,猝灭的荧光强度与加入的 H_2O_2 含量呈正相关,结合标准曲线法即可确定 H_2O_2 的浓度。

仪器与试剂

1. 仪器
5 mL 烧杯,磁力搅拌器,F-4500 型荧光分光光度计(日立,日本),10 mL 容量瓶等。

2. 试剂
柠檬酸,石墨烯量子点($0.5~\mu g \cdot L^{-1}$),氯化血红素母液($5~mmol \cdot L^{-1}$,用二甲亚砜配制,并于 $-20~^\circ C$ 避光保存),H_2O_2 标准品,未知浓度的 H_2O_2,二次去离子水,氢氧化钠

（NaOH），氯化氢（HCl）等。

 实验步骤

1. 氯化血红素功能化的石墨烯量子点的制备

将 2 g 柠檬酸加到 5 mL 的烧杯中，油浴（200 ℃）加热 20 min，直到柠檬酸变成橙色的液体。然后，在快速搅拌下将上述液体逐滴滴加到 100 mL 10 mg·mL^{-1} NaOH 溶液中并大力搅拌，即可得到浅绿色透明的石墨烯量子点溶液。用 10 mg·mL^{-1} HCl 溶液将上述石墨烯量子点溶液的 pH 调到 7。

2. 石墨烯量子点的紫外-可见吸收光谱的测定

将制备的石墨烯量子点用二次去离子水稀释至 1 μg·L^{-1}，其紫外-可见吸收光谱采用 1 cm×1 cm 紫外石英比色皿在 UV-3010 紫外-可见分光光度计上测量。扫描波长范围为 250～700 nm。

3. 石墨烯量子点的荧光光谱测定

在一系列 10.0 mL 的容量瓶中，加入不同体积的 1 mL 0.5 μg·L^{-1} 石墨烯量子点，用水稀释到刻度线。配制好的石墨烯量子点溶液的荧光强度用 1 cm×1 cm 荧光石英比色皿在 F-4500 型荧光分光光度计上测量和记录。激发波长设置成 362 nm。激发狭缝和发射波长设置为 5 nm，负高压为 -400 mV。

4. 石墨烯量子点形貌的观察

（1）H_2O_2 的荧光检测

在一系列 10.0 mL 的容量瓶中，1 mL 0.5 μg·L^{-1} 石墨烯量子点和 1.0 mL 25 μmol·L^{-1} 氯化血红素溶液混合后，加入不同浓度的 H_2O_2。然后将混合物用水稀释到刻度线并且在室温下孵育 10 min。混合物的荧光强度用 1 cm×1 cm 石英比色皿在 F-4500 型荧光分光光度计上测量和记录。激发波长设置成 362 nm。激发狭缝和发射波长设置为 5 nm，负高压为 -400 mV。

（2）葡萄糖检测

① 100 μL 20 mg·mL^{-1} 的葡萄糖氧化酶溶液和 8 mL 用 20 mmol·L^{-1} PBS（pH = 7.0）配制的不同浓度的葡萄糖在 37 ℃下孵育 30 min；② 将 1.0 mL 0.5 μg·mL^{-1} 的石墨烯量子点溶液和 1.0 mL 25 μmol·L^{-1} 的氯化血红素溶液加入上述葡萄糖反应液中。对上述每个混合溶液进行荧光光谱测定和记录。

 注意事项

（1）使用恒温油槽时，因温度较高，需戴好安全防护手套，且恒温油槽中的油位不可过高或过低。

（2）用于盛装柠檬酸晶体的小烧杯，使用前要干燥，杯体杯壁不能有水珠，否则加热时容易导致烧杯受热不均而破裂。

（3）注意区分紫外比色皿和荧光比色皿。使用紫外比色皿时，手持粗糙面，不能接触光面；而使用荧光比色皿时应手持其棱角处，也不能接触光面。对于两种比色皿，测定完成后，都要立即将其清洗干净。

 **思考题**

（1）目前荧光纳米材料有哪些？主要有什么应用？

（2）查阅相关文献，总结荧光石墨烯量子点的制备方法。

（3）哪些因素会影响石墨烯量子点的荧光？柠檬酸裂解反应时间对石墨烯量子点的荧光有何影响？

（何月珍　阚显文）

实验 50　石墨烯量子点的高温裂解合成及荧光性质的研究

实验目的

(1) 了解荧光纳米材料的研究现状及合成方法。
(2) 了解透射电子显微镜的基本原理和使用方法。
(3) 掌握高温裂解法制备石墨烯量子点的方法。
(4) 进一步熟悉荧光分光光度计和紫外-可见分光光度计的使用方法。

实验原理

石墨烯量子点是尺寸小于 100 nm、厚度小于 10 个原子层的石墨烯薄片。其除了具有石墨烯的优异性能(如大的表面积和优异的电学、热学和力学性能等)之外,还由于量子局限效应和边缘效应而发出明亮的蓝光,并具有激发波长和发射波长可调谐、荧光稳定、耐光漂白等优点。故而石墨烯量子点成为目前最受欢迎的替代重金属半导体量子点的纳米发光材料。

石墨烯量子点的合成方法有"自上而下"和"自下而上"两种方法。"自上而下"的方法是指采用物理或化学的方法将大的碳材料刻蚀成石墨烯量子点。而"自下而上"的方法是使用合适的有机前驱体通过溶剂热、热裂解和微波等方法合成出石墨烯量子点。相比于"自上而下"的方法,"自下而上"的方法可以通过选择多元化的有机前驱体和碳化条件,来调节石墨烯量子点的组成和理化特性。

本实验采用简单的"自下而上"法制备石墨烯量子点,选取环境友好、价格低廉的柠檬酸作为前驱体,通过高温裂解法制备石墨烯量子点(图 50.1)。将白色的柠檬酸固体(沸点为 175 ℃)加热到 200 ℃高温时,柠檬酸会熔融成透明液体,随着加热时间的增长,柠檬酸会逐渐裂解碳化成橙色的液体;将此液体逐滴滴加到快速搅拌的氢氧化钠溶液中,就得到石墨烯量子点溶液。

采用该方法制备的石墨烯量子点溶液在紫外灯激发下发出明亮的蓝色荧光(图 50.2(a)插图)。从紫外-可见吸收光谱可以看出,石墨烯量子点的最大紫外吸收在 362 nm 处,此波长也是其荧光激发波长。石墨烯量子点的荧光光谱表明,其最大发射波长为 471 nm(图 50.2(a),彩图 5)。相较于传统的有机荧光染料,石墨烯量子点因具有大的斯托克斯位移、较好的抗光漂白性、化学惰性等优点,而逐渐被用于细胞成像和体内检测等领域。透射电子显微镜将高能电子束投射到非常薄的样品上,电子与样品中的原子碰撞而改变方向,从而产生立体角散射;样品中不同质量密度的元素对电子束产生不同程度的散射,形成明暗不

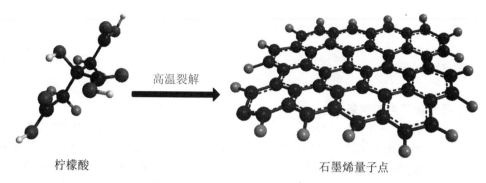

柠檬酸　　　　　　　　　　　　　石墨烯量子点

图 50.1　石墨烯量子点的合成示意图

同的影像,从而反映出样品的内部构造。透射电子显微镜在化学、物理和生物学相关的多个科学领域,都是重要的分析工具。石墨烯量子点的形态可以用透射电子显微镜来观察,其结果如图 50.2(b)所示,本实验制备的石墨烯量子点的粒径范围为 3~10 nm,平均大小为8 nm。高分辨透射电子显微镜的结果(图 50.2(b)插图)清楚地显示了石墨烯量子点的高结晶度,晶胞参数为 0.241 nm,与(1120)石墨烯的晶格条纹相吻合。

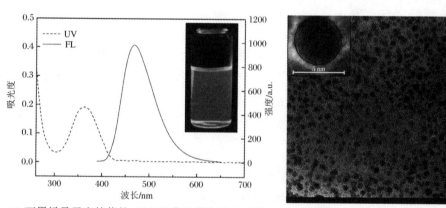

(a) 石墨烯量子点的紫外–可见吸收光谱和荧光光谱　(b) 石墨烯量子点的透射电子显微镜照片
　　(插图为石墨烯量子点在紫外灯照射下的照片)　　　　(插图为其高分辨透射电子显微镜照片)

图 50.2　石墨烯量子点的表征

　　总而言之,本实验以绿色廉价的无荧光性质的柠檬酸作为原料,采用高温裂解法在短时间内(30 min)制备出水溶性的荧光石墨烯量子点,并利用紫外–可见吸收光谱、荧光光谱和透射电子显微镜对合成的荧光石墨烯量子点进行表征。本实验可以让学生通过简单的合成方法制备纳米材料,并了解该纳米材料所呈现出的独特性质,满足学生对纳米领域的探索,引导他们领略纳米材料的魅力,从而激发他们学习知识、进行科学探索的兴趣。

 仪器与试剂

1. 仪器

　　5 mL 烧杯,10.0 mL 容量瓶,LS-6010 台式恒温油槽,磁力搅拌器,F-4500 型荧光分光光度计(日立,日本),UV-3010 紫外–可见分光光度计(日立,日本),Tecnai G220S-TWIN 型透射电子显微镜(FEI,美国)。

2．试剂

柠檬酸，盐酸（HCl），氢氧化钠（NaOH），二次去离子水。

 实验步骤

1．石墨烯量子点的制备

将 2 g 柠檬酸加到 5 mL 的烧杯中，油浴（200 ℃）加热 20 min，直到柠檬酸变成橙色的液体。然后，在快速搅拌下将上述液体逐滴滴加到 100 mL 10 mg·mL^{-1} NaOH 溶液中并大力搅拌，即可得到浅绿色透明的石墨烯量子点溶液。用 10 mg·mL^{-1}HCl 溶液将上述石墨烯量子点溶液的 pH 调到 7。

2．石墨烯量子点的紫外-可见吸收光谱的测定

（1）紫外-可见分光光度计操作

① 打开主机电源，预热 15 min。

② 进入 UV-3010 操作软件，选择光谱扫描。

③ 进行相关参数（如扫描波长范围）设置。

④ 测试样品紫外-可见吸收光谱，进行相应处理与分析。

⑤ 实验结束，关闭仪器。

（2）紫外-可见吸收光谱测定

将制备的石墨烯量子点用二次去离子水稀释至 1 μg·L^{-1}，其紫外-可见吸收光谱采用 1 cm×1 cm 紫外石英比色皿在 UV-3010 紫外-可见分光光度计上测量。扫描波长范围为 250～700 nm。

3．石墨烯量子点的荧光光谱测定

（1）荧光分光光度计操作

① 打开主机电源，预热 15 min。

② 进入 F-4500 操作软件，选择光谱扫描。

③ 进行相关参数（扫描波长范围、激发波长、狭缝宽度等）设置。

④ 测试样品荧光光谱，进行相应处理与分析。

⑤ 实验结束，关闭仪器。

（2）荧光光谱测定

在 10.0 mL 的容量瓶中，加入 1 mL 0.5 μg·L^{-1}石墨烯量子点，用水稀释到刻度线，摇匀。配制好的石墨烯量子点溶液的荧光强度用 1 cm×1 cm 荧光石英比色皿在 F-4500 型荧光分光光度计上测量和记录。激发波长设置成 362 nm。激发狭缝和发射波长设置为 5 nm，负高压为 -400 mV。

4．石墨烯量子点形貌的观察

将所制备的石墨烯量子点溶液用二次去离子水稀释至近乎无色；用移液枪滴一滴稀释后的溶液于铜网的亮面上；将滴有样品的铜网置于红外灯下烘烤 0.5 h，使铜网充分干燥。在实验教师的指导下使用透射电子显微镜来观察所合成的石墨烯量子点的形貌。

 注意事项

（1）使用恒温油槽时，因温度较高，需戴好安全防护手套，且恒温油槽中的油位不可过

高或过低。

（2）用于盛装柠檬酸晶体的小烧杯，使用前要干燥，杯体杯壁不能有水珠，否则加热时容易导致烧杯受热不均而破裂。

（3）注意区分紫外比色皿和荧光比色皿。使用紫外比色皿时，手持粗糙面，不能接触光面；而使用荧光比色皿时应手持其棱角处，也不能接触光面。对于两种比色皿，测定完成后，都要立即将其清洗干净。

 思考题

（1）目前荧光纳米材料有哪些？主要有什么应用？

（2）查阅相关文献，总结荧光石墨烯量子点的制备方法。

（3）哪些因素会影响石墨烯量子点的荧光？柠檬酸裂解反应时间对石墨烯量子点的荧光有何影响？

（何月珍　阚显文）

实验 51 铁酞菁-TiO₂复合物用于对苯二酚的光电检测

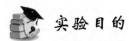

实验目的

(1) 了解光电化学生物传感器的原理以及仪器的使用。
(2) 掌握数据处理的方法。

实验原理

光电化学(photoelectrochemical,PEC)是在电化学的基础上发展而来的,主要包括光电转换过程和化学过程,其中光电转换过程是光电化学研究的核心。该方法研究的是在光照下,电极或界面材料受到的影响及在此过程中伴随的光能、电能和化学能之间转化的科学。原理如图51.1所示。以半导体材料为例,在光照下,具有光电化学活性的物质吸收光子,当吸收的光子能量大于材料自身禁带的宽度时,被激发的电子在材料内部的导带与价带之间转移,从而形成光生电子-空穴对。一般情况下,若活性材料为n型半导体材料,当半导体能带位置与电极能级匹配时,半导体导带上的电子会跃迁至电极表面,价带上的空穴会与电解质溶液中的电子供体发生反应,形成阳极光电流。相反,如果导带电子转移至电解质溶液界面处会被电子受体捕获发生反应,电极表面的电子就会转移至半导体价带,中和光生空穴,形成阴极光电流。

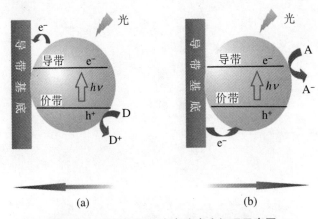

图 51.1 阳极和阴极光电流产生机理示意图

光电化学生物传感器就是将光电化学与生物传感相结合,其原理如下:采用合适波长的光源照射修饰在生物传感器电极表面的光电化学活性材料,而当电极表面的目标识别元件与待测物结合后,发生新的氧化或还原反应,引起电荷的转移和电子的传输,从而形成光电流或光电压。因此,利用光电化学生物传感器检测信号的变化,我们可以预估目标物的浓度,从而实现对目标物的定量检测(图 51.2)。

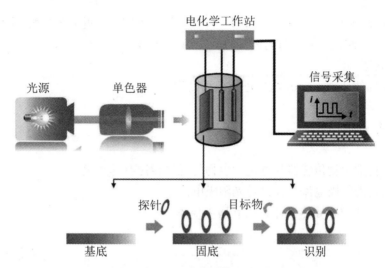

图 51.2　光电化学生物传感器的基本检测装置及原理图

半导体氧化物具有光吸收能力很强、载流子分离方便、比表面积大等优点。TiO₂是典型的宽带隙半导体材料,其带隙为 3.2 eV,使其仅能吸收紫外光,因而其对太阳光中近红外-可见光区的绝大部分能量(90% 以上) 的利用率很低。染料敏化是另一种拓宽宽带隙纳米材料光电吸收范围和降低紫外光损伤的有效方法。将能级匹配的窄带隙有机染料与宽带隙纳米氧化物进行复合,一方面可以将复合材料的吸光范围拓展到可见光区,增加其对太阳光的利用率;另一方面可促进光生电子从染料 LUMO 能级向金属氧化物材料的导带快速转移,促进光生电子和空穴的分离,提高材料的光电转换效率和光催化能力。卟啉类染料是在光电化学生物分析中应用较多的一类有机光电材料。由于具有大的共轭体系,卟啉类染料通常具有优异的光吸收能力和光电活性。本实验所用的电极材料为铁钛菁-TiO₂复合物。

仪器与试剂

1. 仪器

电化学工作站(CHI660E),500 W 氙灯光源,380 nm 滤光片,铂丝电极(对电极),银/氯化银(Ag/AgCl)电极(参比电极),光电化学测试专用容器等。

2. 试剂

ITO 电极,5% Nafion(DuPont),对苯二酚,0.1 mol·L⁻¹ pH 为 7.4 的 PBS,乙醇,丙酮等。

实验步骤

1. 电极的制备

将购买的 ITO 玻璃切割成 10 mm×20 mm 的小块。然后分别用乙醇和丙酮依次清洗玻璃表面,自然晾干。用万用电表来确定 ITO 导电的一面,将 10 L 铁钛菁-TiO_2 复合物 (1 mg·mL^{-1})滴到电极上,在室温下晾干,然后再向电极上滴 10 μL 5% Nafion,室温下晾干,备用

2. 样品测试

向 10 mL PBS(0.1 mol·L^{-1}, pH=7.4)中加入不同浓度的对苯二酚,采用 380 nm 波长的光进行 PEC 测试。开关灯时间间隔为 10 s,应用电位是 -0.1 V。

3. 数据处理

利用标准曲线法或 origin 软件进行数据处理。

 ## 思考题

(1) 光电化学生物传感器与电化学生物传感器相比有哪些优点?

(2) 什么是光阴极电流? 什么是光阳极电流?

(3) 什么是 n 型半导体? 什么是 p 型半导体?

(凌平华　高　峰)

实验 52　微电极的电化学性质与应用

 实验目的

(1) 了解微电极的基本原理。

(2) 了解电活性物质二茂铁甲醇在微电极上的伏安行为。

 实验原理

微电极(microelectrode)一般指一维尺寸小于 50 μm 的电化学探针。极小的电极面积决定了微电极与大电极(macroelectrode)相比,具有明显不同的电化学性质,具有宏观电极所没有的优越的电化学特性:

① 双层电容小。微电极的 RC 时间常数可低于 1 μs,因此它具有相当快的电极响应速度。溶液中循环伏安扫描速率可高达 20 V·s^{-1},比常规电极快 3 个数量级。

② 极化电流微小。微电极上的极化电流一般在 10^{-9} A(nA)数量级,甚至可达 10^{-12} A(pA)。这样,电极体系的溶液压降(IR)较小。由于微电极具有这一特点,可采用双电极体系(工作电极和辅助电极),并且不需要恒电位仪,只用信号发生器即可,从而简化了实验装置,提高测量系统的信噪比,进而提高测量精度。另外,对于低极性或无局外电解质的溶液体系也可以进行实验。

③ 高传质速度。微电极表面液相的传质包括垂直和平行两个方向的传质,存在"边缘效应",其传质速度远大于大电极。据此,微电极可用于快速电极过程的研究。

对于大电极来说,传质方式主要是平面扩散,电极表面的氧化还原反应主要受扩散控制,随着电极表面反应不断加快,其较低的传质速度会导致电极表面氧化还原物的减少(贫化),因此我们可以观察到一对明显的氧化还原峰出现在图 52.1(a)中。当电极尺寸降低到微米级时,径向扩散成为主导方式,其传质速度远大于大电极,可以快速获得稳态或者准稳态的电流。因此,我们可以观察到 S 形的循环伏安曲线出现在图 52.1(b)中。

不同形状的微电极的扩散模式和稳态电流方程如图 52.2 所示。其中 I_{lim} 为稳态电流,n 是每个分子转移的电子数,F 为法拉第常数(9.64853×10^4 C·mol^{-1}),D 是氧化还原物的扩散系数(二茂铁甲醇为 7.6×10^{-6} cm^2·s^{-1}),r 为电极半径,L 为孔的深度。图 52.3 是一根半径为 3.4 μm 的碳纤维微电极在 0.9 mmol·L^{-1} FcCH$_2$OH + 0.1 mol·L^{-1} KCl 溶液中的循环伏安图,扫描速率(扫速)为 100 mV·s^{-1}。双电层充电电流与扫描速率 ν 成正比,所以当扫描速率增大时,充电电流也会随之增大。

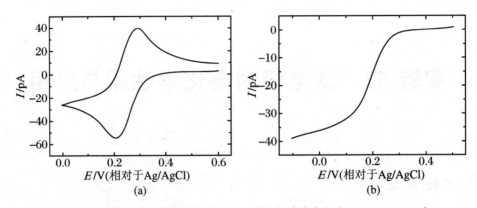

图 52.1 直径 2 mm 的玻碳电极和直径为 40 nm 的金纳米盘电极在 5.0 mmol·L^{-1} K$_3$Fe(CN)$_6$ + 0.2 mol·L^{-1} KCl 溶液中循环伏安图

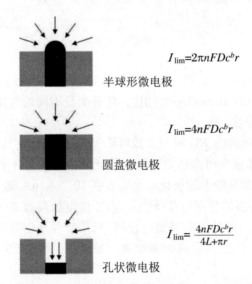

半球形微电极 $I_{lim} = 2\pi nFDc^b r$

圆盘微电极 $I_{lim} = 4nFDc^b r$

孔状微电极 $I_{lim} = \dfrac{4nFDc^b r}{4L + \pi r}$

图 52.2 半球形、圆盘和孔状微电极的扩散模式以及相应的稳态电流方程

 ## 仪器与试剂

1. 仪器

上海辰华电化学工作站,屏蔽箱,金微电极,Ag/AgCl 电极(参比电极),铂丝电极(对电极)。

2. 材料与试剂

Al$_2$O$_3$ 抛光粉末,二茂铁甲醇(FcCH$_2$OH),氯化钾(KCl)等。

 ## 实验步骤

1. 微电极预处理

本实验中,微电极作为工作电极,其表面的清洁程度是影响实验成功的关键因素之一。将微电极用 0.05 μm 的氧化铝粉进行抛光,以蒸馏水洗涤(有条件可以用超声波清洗)。

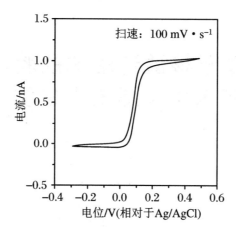

图 52.3　半径 3.4 μm 的碳纤维微电极在 0.9 mmol·L^{-1} FcCH$_2$OH +
0.1 mol·L^{-1} KCl 溶液中的循环伏安图

2. 记录微电极在二茂铁甲醇溶液中的循环伏安曲线

在电解池中加入 5.0 mL 1 mmol·L^{-1} FcCH$_2$OH + 0.1 mol·L^{-1} KCl 溶液。搭建二电极或三电极系统，金微电极为工作电极，Ag/AgCl 电极为参比电极，铂丝电极为对电极。通氮气除氧 10 min。在 −0.3～0.5 V 范围内，以 20 mV·s^{-1} 的扫速循环伏安扫描，记录循环伏安曲线。

3. 不同扫速实验

在同样条件下，改变扫速，以 50 mV·s^{-1}、100 mV·s^{-1}、200 mV·s^{-1}、500 mV·s^{-1}、1000 mV·s^{-1}、5000 mV·s^{-1} 和 10000 mV·s^{-1} 扫描，记录循环伏安曲线。比较扫速变化时，循环伏安曲线的特点。

4. 不同浓度实验

改变二茂铁甲醇浓度，在 2 mmol·L^{-1}、5 mmol·L^{-1}、10 mmol·L^{-1}、15 mmol·L^{-1} 和 20 mol·L^{-1} FcCH$_2$OH + 0.1 mol·L^{-1} KCl 溶液中循环伏安扫描，扫速固定为 20 mV·s^{-1}，记录循环伏安曲线，并绘工作曲线。

 注意事项

(1) 微电极表面必须保持清洁，否则无法得到正确的循环伏安曲线。

(2) 微电极使用前必须做活化处理。

(3) 每次扫描结束之后，如果要再次扫描必须再次清洁电极表面。

 思考题

(1) 叠加不同扫速的循环伏安曲线图，观察扫速对充电电流的影响。

(2) 叠加不同浓度的循环伏安曲线图，观察二茂铁甲醇浓度对稳态电流的影响。读出每个浓度下的稳态电流值，在 origin 中绘制浓度与稳态电流的散点图，并拟合成线性。

（李永新）

实验 53　基于核酸适配体的胶体金比色法测水中卡那霉素残留

 实验目的

(1) 了解胶体金比色法的原理及操作步骤。

(2) 了解核酸适配体在胶体金比色法中的作用。

(3) 熟悉卡那霉素(kanamycin)的检测。

 实验原理

胶体金比色法是一种紫外-可见吸收光谱法。胶体金颗粒的粒径和颗粒间距的不同会导致胶体金的光学性质发生改变。胶体金颗粒分散,粒径较小时,溶液为红色,其最大吸收峰出现在 520 nm 处;当胶体金颗粒聚集,粒径较大时,溶液为蓝色,其最大吸收峰出现在 650 nm 处。胶体金比色法利用胶体金颗粒分散和聚集时颜色的变化,对污染物进行定性和定量分析。

核酸适配体是由 SELEX 技术(systematic evolution of ligands by exponential enrichment)筛选所得到的单链 DNA 或 RNA 序列,该序列对相应靶标具有高特异性和高亲和力的识别能力。核酸适配体是单链核苷酸,它可以自由延伸,折叠成各式的空间结构,在三级结构基础上核酸适配体和靶标通过氢键、范德华力等形成靶标-适配体复合物。核酸适配体由于具有亲和力高、合成成本低、性质稳定等优点,在临床诊断、食品安全、环境监测等诸多领域有着广泛的应用。

卡那霉素是一种氨基糖苷类抗生素,在畜牧业中被广泛应用于动物的疾病治疗和预防。卡那霉素的滥用会对人体健康和环境造成各种危害。抗生素的滥用会导致抗生素抗性菌和抗生素抗性基因的产生,进而诱发更多的环境问题和疾病。因此,世界许多国家均对卡那霉素的最大允许残留限量(MRL)做了具体规定。监测水体中卡那霉素残留具有重要意义。

本实验利用核酸适配体对卡那霉素的高亲和力以及胶体金的颜色变化来进行实验。原理如图 53.1 所示,若溶液中不存在卡那霉素,核酸适配体将会吸附并包裹在胶体金粒子表面,使胶体金粒子在 NaCl 溶液中较稳定而呈现红色。若卡那霉素存在时,由于核酸适配体可以与卡那霉素特异性结合,NaCl 中的 Na^+ 和 Cl^- 破坏了原本纳米金胶体溶液带负电的静电场,从而引起胶体金粒子与 NaCl 溶液发生聚集现象,使溶液呈现蓝色。卡那霉素的胶体金比色法的原理是胶体金溶液的颜色因为聚集程度的不同发生变化,且胶体金聚集程度与卡那霉素浓度呈正相关。

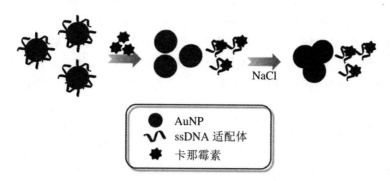

图 53.1　胶体金比色法检测卡那霉素原理图

 仪器与试剂

1. 仪器

酶标仪(配备 520 nm 和 650 nm 滤光片),96 孔板,微量移液器(单道 10 μL、20 μL、50 μL、100 μL、1000 μL,多道 50~250 μL)。

2. 试剂

胶体金溶液,核酸适配体(5′-TGGGGGTTGAGGCTAAGCCGA-3′),NaCl,去离子水等。

 实验步骤

1. NaCl 浓度的优化

在 200 μL 胶体金溶液中加入适当的核酸适配体和适当的超纯水,室温孵育 30 min;设计不同浓度梯度的 NaCl 溶液,加入胶体金溶液中,使 NaCl 的终浓度分别为 0 mmol·L^{-1}、10 mmol·L^{-1}、20 mmol·L^{-1}、30 mmol·L^{-1}、35 mmol·L^{-1}、40 mmol·L^{-1}、45 mmol·L^{-1}、50 mmol·L^{-1}、55 mmol·L^{-1}、60 mmol·L^{-1}、70 mmol·L^{-1}、80 mmol·L^{-1}。最终的样品体积均为 230 μL,使用酶标仪测定各个胶体金样品在 520 nm 和 650 nm 处的数值(用吸光度来表示),计算 A_{650}/A_{520}(650 nm 和 520 nm 处的吸光度比值),选出聚集程度最优即比值最大处的 NaCl 溶液浓度。

2. 核酸适配体浓度的优化

设计不同浓度梯度的适配体溶液,将其加入 200 μL 胶体金溶液中,使适配体的终浓度分别为 0 mmol·L^{-1}、40 mmol·L^{-1}、80 mmol·L^{-1}、100 mmol·L^{-1}、120 mmol·L^{-1}、150 mmol·L^{-1}、200 mmol·L^{-1}、250 mmol·L^{-1}、300 mmol·L^{-1}、350 mmol·L^{-1}、400 mmol·L^{-1}、500 mmol·L^{-1},室温孵育 30 min。加入第一步优化的 NaCl 溶液使最终的样品体积均为 230 μL,振荡均匀后使用酶标仪测定各个胶体金样品在 520 nm 和 650 nm 处的吸光度,并计算 A_{650}/A_{520},选出核酸适配体的最佳浓度。

3. 标准曲线的建立和实际水样品检测

(1) 标准曲线的建立

在 96 孔板每孔中加入 200 μL 胶体金溶液,继续在每孔中加入步骤 2 中优化的最优浓度的核酸适配体,然后加入不同体积的卡那霉素,使其浓度梯度为 $0~\mu mol \cdot L^{-1}$、$0.1~\mu mol \cdot L^{-1}$、$0.2~\mu mol \cdot L^{-1}$、$0.4~\mu mol \cdot L^{-1}$、$0.8~\mu mol \cdot L^{-1}$、$1.6~\mu mol \cdot L^{-1}$、$2~\mu mol \cdot L^{-1}$、$3~\mu mol/L$,振荡均匀后孵育 30 min;加入步骤 1 中优化的 NaCl 溶液,振荡使最终的样品体积均为 230 μL;振荡均匀后使用酶标仪测定各个胶体金样品在 520 nm 和 650 nm 处的吸光度,并以 650 nm 和 520 nm 处的吸光度比值(A_{650}/A_{520})为纵坐标,卡那霉素的浓度为横坐标,绘制标准曲线。

(2) 实际水样品检测

在 96 孔板每孔中加入 200 μL 胶体金溶液,继续在每孔中加入步骤 2 中优化的最优浓度的核酸适配体,然后加入实际水样品,振荡均匀后孵育 30 min;加入步骤 1 中优化的 NaCl 溶液,振荡使最终的样品体积均为 230 μL;振荡均匀后使用酶标仪测定各个胶体金样品在 520 nm 和 650 nm 处的吸光度,并计算 650 nm 和 520 nm 处的吸光度比值(A_{650}/A_{520}),根据标准曲线计算出实际水样品中卡那霉素的残留。

 ## 注意事项

(1) 样品加样量应准确。

(2) 在操作过程中,应尽量避免反应微孔中有气泡产生。

(3) 使用微量移液器手工加样时,每次应该更换吸头吸取样品。

 ## 结果与讨论

(1) 绘制不同 NaCl 浓度下胶体金的 A_{650}/A_{520} 值曲线图。

(2) 绘制不同适配体浓度下胶体金的 A_{650}/A_{520} 值曲线图。

(3) 确定 NaCl 浓度和适配体浓度后,以胶体金的 A_{650}/A_{520} 值对卡那霉素浓度作标准曲线,利用 origin 软件得出线性回归方程及相关系数。

(何彦平 高 峰)

实验 54　电化学放大芬顿反应及动物血样中铁含量测定

 实验目的

（1）掌握芬顿（Fenton）反应产生羟基自由基（·OH）的机理。

（2）熟悉电化学工作站的使用和循环方法的工作原理。

（3）掌握荧光光度计的使用和物质荧光激发波长和发射波长的测定方法。通过测定荧光强度，使用标准曲线法做定量测定。

（4）掌握血液样品的处理方法。

 实验原理

1. 芬顿反应

芬顿反应是一个有趣的氧化还原反应，具有复杂的反应过程，一般认为至少包含以下几个过程：

$$Fe^{2+} + H_2O_2 \longrightarrow Fe^{3+} + OH^- + \cdot OH \qquad k = 76 \ mol^{-1} \cdot L \cdot s^{-1} \qquad (54.1)$$

$$Fe^{3+} + H_2O_2 \longrightarrow Fe^{2+} + HO_2 \cdot + H^+ \qquad k = 0.01 \sim 0.02 \ mol^{-1} \cdot L \cdot s^{-1} \qquad (54.2)$$

$$Fe^{3+} + HO_2 \cdot \longrightarrow Fe^{2+} + O_2 + H^+ \qquad k < 2 \times 10^3 \ mol^{-1} \cdot L \cdot s^{-1} \qquad (54.3)$$

$$Fe^{2+} + HO_2 \cdot + H^+ \longrightarrow Fe^{3+} + H_2O_2 \qquad k = 1.2 \times 10^6 \ mol^{-1} \cdot L \cdot s^{-1} \qquad (54.4)$$

$$Fe^{3+} + \cdot O_2^- \longrightarrow Fe^{2+} + O_2 \qquad k = 5 \times 10^7 \ mol^{-1} \cdot L \cdot s^{-1} \qquad (54.5)$$

$$Fe^{2+} + \cdot O_2^- + H^+ \longrightarrow Fe^{3+} + HO_2 \cdot \qquad k = 1 \times 10^7 \ mol^{-1} \cdot L \cdot s^{-1} \qquad (54.6)$$

从各步骤反应速率常数可以预见，芬顿反应的最终反应速率由步骤（54.1）和（54.2）决定，尤其步骤（54.2）中 Fe^{3+} 非常缓慢地转换为 Fe^{2+}，进一步限制了步骤（54.1）的反应。因此，如果想获得更多的 ·OH，也就是加速步骤（54.1）的反应，则要么向体系中加入大量 Fe^{2+}，要么帮助快速完成 Fe^{3+} 转换为 Fe^{2+}。无论是基于·OH 强氧化能力的环境污染物处理，还是基于·OH 强氧化能力的生物治疗，加入大量 Fe^{2+} 都是不可行的，因为会造成其氧化态 Fe^{3+} 积累而无法进行后处理。因此，采用使 Fe^{3+} 快速转换为 Fe^{2+} 的方法经常被运用于实际工作中。如果步骤（54.2）的反应速率也远远大于步骤（54.1），则芬顿反应可以简化仅为步骤（54.1）。

2. 羟基自由基（·OH）

·OH 是非常常见的活性氧（ROS）之一。常见的 ROS 包括超氧自由基（·O_2^-）、过氧化氢（H_2O_2）、羟基自由基（·OH 或 HO·）、次氯酸（HOCl）、单线态氧（$^1O_2$）、一氧化氮自由基(・NO)和过氧亚硝酸盐(OONO⁻)。一般而言,・OH 在 ROS 中具有最高的氧化电位 (2.80 V),甚至可以氧化贵金属,如 Au。然而,・OH 的寿命仅为 10^{-10} s 左右,在浓度极低时很难测定。

3. ・OH 的电化学循环放大

由前述可知,帮助完成步骤(54.2)的反应,使步骤(54.1)产生的 Fe^{3+} 再还原为 Fe^{2+},相当于体系中加入了 Fe^{2+}。如果保持 Fe^{3+} 不断转换为 Fe^{2+},同时有足够 H_2O_2 时,通过步骤 (54.1)就可以产生大量・OH。采用电化学还原时,过程可表示为

$$Fe^{3+} + e^- \longrightarrow Fe^{2+} \tag{54.7}$$

电化学方法绿色环保、可控,是具有前景的增强芬顿反应的手段。通过测定被放大后产生的・OH,可以间接测定体系中铁的含量。

4. ・OH 的捕获和荧光测定

对苯二甲酸(TA)本身荧光极弱,可以忽略不计。它与・OH 能快速反应,生成 2-羟基对苯二甲酸(TAOH),TAOH 受到 315 nm 紫外光的激发,可以发出强烈的 425 nm 的蓝色荧光。反应如下:

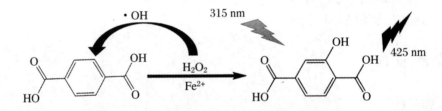

用荧光光度计测定 TAOH 的荧光强度,可以测定铁的含量。

仪器与试剂

1. 仪器

电化学工作站,采用传统的三电极系统,以玻碳电极为工作电极,饱和甘汞电极(SCE)为参比电极,铂片(5 mm×2.5 mm×0.1 mm)电极为对电极;荧光光度计;坩埚和坩埚钳;电炉;小烧杯等。

2. 试剂

硝酸(HNO_3),硫酸(H_2SO_4),十二水合硫酸铁铵,30%过氧化氢,对苯二甲酸,乙二胺四乙酸二钠(EDTA),0.1 mol・L^{-1}pH 为 7.0 的磷酸盐缓冲溶液(PBS,可以自配),去离子水等。试剂均为分析纯以上。

实验步骤

1. 溶液配制

分别配制 1.0 mmol・L^{-1}硫酸铁铵标准溶液(含 1∶1 的 EDTA)10 mL,10 mmol・L^{-1} H_2O_2(粗略)50 mL,5.0 mmol・L^{-1} TA(粗略)50 mL。

2. 荧光光谱测定

配制两份相同溶液 10 mL。取 5 mL PBS,置于小烧杯中,分别加入含上述浓度的硫酸

铁铵标准溶液 50 μL(微量进样器)、H_2O_2 2 mL、TA 3 mL。一份溶液(A 溶液)放置 30 min 直接测定荧光光谱,记录 425 nm 处的荧光强度;另外一份溶液(B 溶液)在电化学工作站上使用循环伏安法扫描 20 min(电位范围:$-0.4\sim0$ V;起始扫描电位:0 V;扫描速率:0.1 V·s^{-1};循环半圈数:300 圈),扫描完成后,放置 10 min 测定荧光光谱,并记录 425 nm 处的荧光强度。比较两者 425 nm 处荧光强度的大小。

3. 标准曲线测定

按 B 溶液类似的配制和处理方法得到含不同浓度 Fe^{3+} 的系列溶液,加入 Fe^{3+} 标准溶液的体积分别如下:B1,5 μL;B2,10 μL;B3,20 μL;B4,40 μL;B5,60 μL;B6,80 μL。用 A 溶液作为参比溶液,分别测定各溶液在 425 nm 处荧光强度(ΔF)。以所得数据拟合线性方程或作 c-ΔF 曲线。

4. 未知血样的处理及铁含量测定

取市场购置未凝固猪血或鸭血样品 1 g(有条件的也可从医院获取人血样品),置于洁净的坩埚中,在通风橱中,先加 1 mL 去离子水,再分别加入 6 mol·L^{-1} 的 HNO_3 0.5 mL、9 mol·L^{-1} H_2SO_4 0.5 mL、0.3 mol·L^{-1} EDTA(11 g EDTA 溶于 100 mL 去离子水中)0.5 mL,在电炉上加热坩埚至微沸,调节小功率并保持 15 min。用坩埚钳取下坩埚,冷却后,加入 2 mL 去离子水稀释洗涤残留物,微滤并保留滤液,稀释定容至 10 mL。与 B 溶液类似,将 50 μL 硫酸铁铵标准溶液换成 100 μL 血样配制待测液,经过电化学处理和放置后,测定 425 nm 处荧光强度。

注意事项

(1) 玻碳电极使用时必须先按常规方法处理,符合要求才可使用。

(2) 电化学实验和荧光测定实验都在常温下进行。

(3) 血样消解处理时要注意安全,整个过程都在通风橱中进行,并注意及时调节电炉加热功率和使用石棉网,防止坩埚内溶液暴沸。

结果与讨论

(1) 对比 A、B 溶液荧光光谱图,两者有何不同? 说明了什么?

(2) 如何计算原血样中铁含量?

思考题

(1) 为了使标准曲线和待测样品的荧光强度测定更加准确,应采取哪些措施?

(2) 本方法与传统邻二氮菲显色可见光度法测定铁含量相比,它们各有哪些优缺点?

　　　　　　　　　　　　　　　　　　　　　　　　　　　　(李茂国)

实验 55　食品中抗氧化剂的电化学检测

实验目的

（1）了解电化学生物传感器的原理以及仪器的使用。
（2）掌握用标准曲线法进行数据处理的方法。

实验原理

　　随着化学合成技术的飞速发展，化学合成抗氧化剂在食品加工领域被广泛使用。抗氧化剂能够防止食品氧化变质，主要用在脂类及富含脂类化合物的食品中。因为它们不仅可以提高食品的稳定性、延长食品储存时间，还具有价格低、实用性良好和化学稳定性高等优点。然而，近些年来，不断发现一些化学合成的抗氧化剂有一定的毒性，会影响人体呼吸酶的活性，有的甚至还有致畸、致癌作用。因此，对抗氧化剂含量的测试尤为重要。抗氧化剂特丁基对苯二酚（TBHQ）是常用的人工合成的酚类抗氧化剂之一。如图 55.1 所示，TBHQ含有两个对位的酚羟基，酚羟基具有比较活跃的电化学活性，在电催化的作用下极易发生氧化还原反应。电极表面发生的氧化还原反应会以电化学信号的形式表现出来。两个对位的酚羟基在电催化的作用下被氧化成两个对位的醌基，并且该反应在电催化作用下为可逆反应。不同浓度的抗氧化剂 TBHQ 发生电化学反应的强度不同，产生的电化学信号不同，因此我们可以根据产生电化学信号的强度确定抗氧化剂 TBHQ 的含量。

仪器与试剂

1. 仪器
　　电化学工作站（CHI660E），铂丝电极（对电极），银/氯化银（Ag/AgCl）电极（参比电极），工作电极夹。

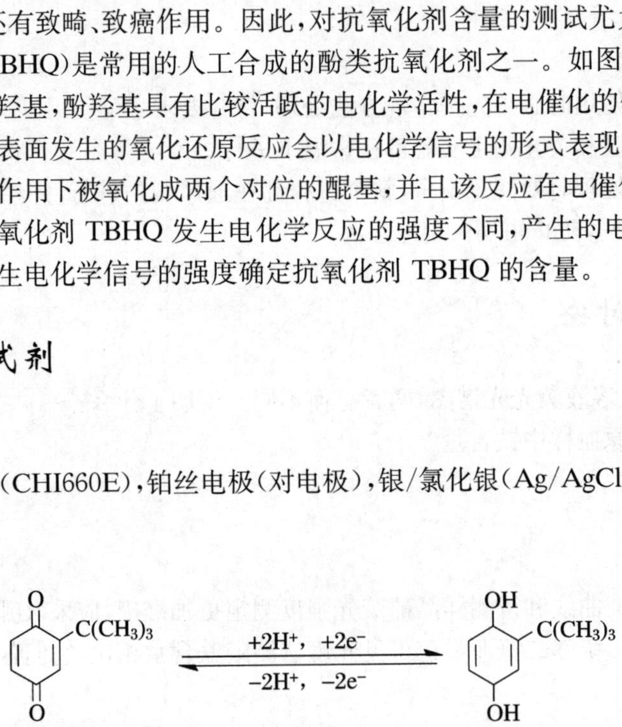

$$\text{TBQ} \underset{-2H^+,\ -2e^-}{\overset{+2H^+,\ +2e^-}{\rightleftharpoons}} \text{TBHQ}$$

图 55.1　抗氧化剂 TBHQ 的氧化还原反应原理图

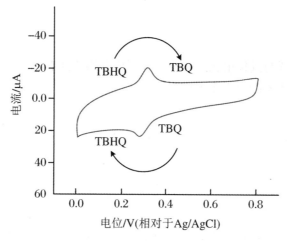

图 55.1　抗氧化剂 TBHQ 的氧化还原反应原理图(续)

2. 试剂

玻碳电极,5% Nafion,四水合氯金酸,石墨烯,TBHQ,0.2 mol·L^{-1} PBS(pH=7.4),0.2 mol·L^{-1} BR(pH=2.0),金龙鱼食用油,氧化铝,蒸馏水,乙醇等。

 实验步骤

1. 电极的制备

裸玻碳电极分别用 1.0 μm、0.3 μm 和 0.05 μm 的氧化铝进行抛光,在蒸馏水和乙醇中连续超声 5 s 以洗去电极表面的氧化铝粉,然后用 5 mmol·L^{-1}的含 0.1 mol·L^{-1} KCl 的[Fe(CN)$_6$]$^{3-/4-}$ 溶液测试电极是否可以使用。

将一定量的石墨烯分散并在 1%的氯金酸中超声 15 min 以制备 0.25 mg·mL^{-1}的混合液。取 10 μL 准备好的 GO-HAuCl$_4$悬液滴在干净的玻碳电极表面,待自然晾干后形成 GO-HAuCl$_4$薄膜待用。

将 GO-HAuCl$_4$薄膜修饰的玻碳电极浸入含水电解质 0.2 mol·L^{-1} PBS 中,采用循环伏安的方法,以 50 mV·s^{-1}在 0 和 -1.5 V 扫连续 15 圈,得到修饰后的电极。

2. 样品测试

向 2.5 mL 0.2 mol·L^{-1} pH 为 2.0 的 BR 缓冲液中加入不同浓度的 TBHQ 标准溶液(0.5 μg·mL^{-1}、1 μg·mL^{-1}、3 μg·mL^{-1}、5 μg·mL^{-1}、10 μg·mL^{-1}),采用线性扫描的方法进行电化学测试。分别记录 0.3 V 处氧化峰的电流值。电位窗口为 0.0~0.8 V。

3. 实际样品测试

移取实际样品 50 μL,进行测试。记录其峰电流的值。

4. 数据处理

利用标准曲线法或 origin 软件进行数据处理。

 **思考题**

(1) 线性扫描方式与其他电化学扫描方式相比有哪些优点？

(2) 如何判断抛光后的电极是否可用？

（凌平华　高　峰）

实验 56　水热法合成碳点及其对甲硝唑的荧光传感研究

实验目的

（1）了解水热法的原理，学会使用水热法制备碳点。

（2）熟练掌握荧光分光光度计的使用，运用荧光猝灭法传感甲硝唑。

实验原理

　　碳点一般是指尺寸为 2～10 nm 的均匀球形纳米颗粒，因其独特的颗粒结构引起了广大科学家的注意，因此近二十年来碳点得到充分发展。碳点作为传统重金属半导体量子点的完美代替品，具有优异的光稳定性、耐光漂白性、低毒性、良好的生物相容性，优异的荧光特性、可调谐的光致发光、激发依赖性多色发射的优点，因此在传感、催化、抗菌、防伪、药物输送、药物靶向和其他生物医学方面有广泛应用。

　　碳点的制备方法分为"自上而下"和"自下而上"两类。"自上而下"方法指的是通过物理、化学或电化学方法分解碳质材料。"自下而上"的制备方法是通过使小分子变成大分子，再经过热解与逐步融合形成碳点的。常见的"自下而上"的方法有水/溶剂热法、氧化法、微波/超声波辅助法等。本实验采用水热法合成碳点。

　　甲硝唑是一种人工合成的硝基咪唑类药物，具有很高的抗生素活性。近年来，甲硝唑已被广泛而有效地用于治疗由厌氧菌引起的人体局部或全身感染，如腹腔、消化道、皮肤及软组织等部位的感染。当人体内甲硝唑的累积量超过正常阈值时，就会产生一些副作用，如视力模糊、癫痫、抑郁、激素失调和缺乏协调等。迄今为止，已经开发了各种技术用于甲硝唑的定量分析，包括高效液相色谱法、电化学传感器、气相色谱法、紫外光谱法、毛细管电泳法等。然而，这些方法中的大多数都有一些缺点，比如样品准备过程较为烦琐、需要高纯度的化学样品、耗时长、重复性差等。荧光传感方法被认为是一种非常有前景的检测方法。本实验利用一步水热法合成的碳点激发光谱与甲硝唑的吸收光谱部分重叠，导致碳点荧光猝灭，构建甲硝唑荧光传感平台。

仪器与试剂

1. 仪器

　　电恒温干燥炉，具有聚四氟乙烯内衬的不锈钢高压釜，荧光分光光度计，旋转蒸发仪，冷冻干燥器，磁力搅拌器，透析袋（分子量：1000 Da），微量取样器。

2. 试剂

1-乙基-3-(3-二甲氨丙基)碳二亚胺盐酸盐，甲硝唑，$NaHCO_3$-Na_2CO_3（0.1 mol·L^{-1}）缓冲溶液等。

实验步骤

1. 碳点的制备

将 0.3 g 1-乙基-3-(3-二甲氨丙基)碳二亚胺盐酸盐加入 30 mL 超纯水中。搅拌至溶解后，转移到 50 mL 具有聚四氟乙烯内衬的不锈钢高压釜中并在 200 ℃条件下加热 4 h。待自然冷却至室温，碳点溶液在透析袋中用超纯水透析 12 h 以去除杂质。通过旋转蒸发仪蒸发液态溶剂后，固体碳点通过冷冻干燥，以便于进一步表征和传感应用。

2. 甲硝唑的荧光传感

甲硝唑的荧光检测在室温下进行。将 200 μL（0.5 mg·mL^{-1}）碳点溶液和不同浓度的甲硝唑标准溶液加入 800 μL $NaHCO_3$-Na_2CO_3 缓冲溶液（pH = 6.0）中，再用超纯水将混合物稀释至 2 mL。将混合物体系孵育 3 min 后，在激发波长为 350 nm 的条件下记录 360~600 nm 范围内的荧光发射光谱。每个浓度样品测定 3 次。

注意事项

（1）样品加样量要准确。

（2）使用微量取样器手动加样时，每次应该更换吸头吸取样品。

（3）用透析袋纯化碳点时，一定要用夹子夹紧两端。

（4）孵育前，样品要混合均匀。

结果与讨论

1. 荧光强度变化值的计算

标准品或样本的荧光强度变化值等于第一个标准品（甲硝唑浓度为 0）的荧光强度值与标准品或样本的荧光强度值的差值，再除以第一个标准品的荧光强度值，即

$$荧光强度变化值 = \frac{F_0 - F}{F_0}$$

式中，F 为标准品或样本的荧光强度值，F_0 为甲硝唑浓度为 0 时的标准品的荧光强度值。

2. 标准曲线的绘制与计算

以标准品荧光强度变化值为纵坐标，对应标准品的甲硝唑含量为横坐标，拟合直线，即为标准曲线。将样品的荧光强度变化值代入标准曲线中，从标准曲线上读出样本所对应的含量，再乘以其对应的稀释倍数即为样品中待测物的实际浓度。也可以根据回归曲线方程，计算样本中待测物的含量。

 **思考题**

（1）简述甲硝唑引起碳点荧光猝灭的机制。

（2）如何保证测定结果的重现性？

（杜金艳）

实验 57   β-环糊精-聚丙烯酸-氧化石墨烯复合材料的制备及表征

 实验目的

(1) 了解氧化石墨烯及其复合材料的制备方法。
(2) 练习使用扫描电子显微镜和红外光谱仪表征材料的方法。

 实验原理

氧化石墨烯(GO)是一种薄片状的、表面柔韧的材料,表面和边缘含有大量的功能基团,如羟基、羧基(或羰基)、环氧基等。由于其独特的结构,氧化石墨烯被认为是一种极好的吸附剂材料。然而,氧化石墨烯在水中溶解度低,易于团聚沉淀,导致其比表面积减少,限制了其应用。

聚丙烯酸(PAA)是一种亲水性的高分子聚合物,含有大量的羧基官能团。β-环糊精(β-CD)是由 7 个 D 吡喃葡萄糖单元经 α-1,4 糖苷键首尾互接形成的去顶的中空圆锥状分子。β-CD 是一种分子构型较为特殊的物质,其结构中含有多个具有反应活性的—OH 官能团,具有"外亲水、内疏水"的特征,能选择性地捕获极性介质中埃尺度的疏水型有机分子(如芳香化合物、染料等)和无机金属离子(如 Pb^{2+}、Hg^{2+} 等),形成稳定的主-客体包合物。而且环糊精易溶于水,对环境友好,能够提高功能材料的稳定性,因此是一种优良的吸附剂材料。将 β-CD 和 PAA 修饰到 GO 表面能够合成一种新型的复合材料,这种新型的复合材料可同时拥有氧化石墨烯、PAA 和 β-CD 的性质。这种复合材料的吸附性和分散性将会得到有效提高。

将 β-CD 末端接上氨基,再将其接枝到 PAA 链上生成 β-CD-PAA 复合物,然后将生成的 β-CD-PAA 通过共价键修饰到 GO 表面上,就合成了表面接枝的功能 GO 复合材料(即 β-CD-PAA-GO)。采用 1-乙基-3-(3-二甲基氨基丙基)-碳二亚胺盐酸盐(EDC)和 N-羟基琥珀酰亚胺(NHS)联用提高羧基与氨基的交联率。

 仪器与试剂

1. 仪器
三口烧瓶及回流装置一套,扫描电子显微镜,傅里叶变换红外光谱仪,真空干燥箱等。

2. 试剂
天然鳞片石墨,β-环糊精,聚丙烯酸(M_W 为 450000),N-羟基琥珀酰亚胺,1-乙基-3-(3-

二甲基氨基丙基)-碳二亚胺盐酸盐,对甲苯磺酰氯(p-TsOCl),无水乙二胺,高锰酸钾(KMnO₄),丙酮等。

实验步骤

1. 氧化石墨烯(GO)的制备

氧化石墨采用改进的 Hummers 法合成。具体步骤如下:在冰浴条件下,将 23 mL 浓 H_2SO_4 加入 250 mL 三口烧瓶中,然后加入 1.0 g 石墨、0.5 g $NaNO_3$,在磁力搅拌下逐渐地加入 3.0 g $KMnO_4$,温度保持在 20 ℃ 以下,搅拌反应 2.0 h;然后将温度升高到 35 ℃ 搅拌 30 min,加入过量的去离子水后将温度升高到 98 ℃,继续搅拌 30 min,最后加入 25 mL 30% H_2O_2,混合液的颜色变成亮黄色,直至不再产生气体。过滤得到产品,用 5% HCl 洗涤产物(直至滤液由 $BaCl_2$ 溶液检测无 SO_4^{2-}),用去离子水洗涤(以除去多余的 HCl)直至产物的 pH 接近中性。将产物转移至真空干燥箱中干燥,得到粉末状氧化石墨。

称取一定量的粉末状氧化石墨,将其分散在去离子水中,超声 3 h,得到不同浓度的单层 GO 分散液。

2. 氨基-β-环糊精(NH₂-β-CD)的制备

NH_2-β-CD 由 β-CD 经过两步合成:磺酰化和氨基化。

(1) 对甲苯磺酰基-β-环糊精(TsO-β-CD)的制备

通过磁力搅拌将 10 g β-CD 溶解在 140 mL 去离子水中,再逐滴加入 40 mL 2.5 mol·L⁻¹ 氢氧化钠溶液,使悬浮液变得澄清;然后在冰浴条件下将澄清溶液滴加入 10 mL 含有 2.6 g 对甲苯磺酰氯的乙腈溶液中,室温下剧烈搅拌 3.0 h,产生白色沉淀。过滤除去沉淀,往滤液中加入稀盐酸或氯化铵直至滤液的 pH=8.0,于 4 ℃ 下放置 10~15 h。真空抽滤,所得粗产物用丙酮洗涤 3 次,再用 90 ℃、150 mL 热的蒸馏水重结晶 3 次,最后在 60 ℃ 下真空干燥得到 TsO-β-CD。

(2) 氨基-β-环糊精(NH₂-β-CD)的制备

将 5.0 g TsO-β-CD 溶解在 30 mL 无水乙二胺中,在 80 ℃ 下反应 72 h 后冷却至室温;加入大量的丙酮,抽滤,所得沉淀溶解在 120 mL 水/甲醇(体积比为 3:1)溶液中,在 60 ℃ 下干燥得到 NH_2-β-CD。

3. β-CD-PAA 的制备

β-CD-PAA 复合材料通过 NH_2-β-CD 与 PAA 之间的酰胺化反应合成。将 0.5 g PAA 溶解在 45 mL 去离子水中,在剧烈搅拌下加入 1.0 g EDC 和 0.3 g NHS,在 0 ℃ 下搅拌 10 min,然后加入 3.5 g NH_2-β-CD,反应 48 h。反应结束后,混合液用去离子水透析(截留分子量为 14000)3 天,然后旋转蒸发至混合液中产物的浓度为 10%~15%,最后真空干燥得到 β-CD-PAA。

4. β-CD-PAA-GO 复合材料的制备

将 0.1 g GO 加入 5.0 mL pH=6.0 的磷酸盐(PBS)缓冲溶液中,超声 20~40 min 制成 GO 分散液,然后加入 0.1 g β-CD-PAA 和 0.03 g EDC,混合液在 4 ℃ 下超声处理 1.0 h,升高温度至室温,搅拌反应 48 h。反应结束后以 8000 r·min⁻¹ 离心分离 10 min,所得固体用蒸馏水洗涤,真空干燥得到功能 GO 复合材料,即 β-CD-PAA-GO 复合材料。按照上述方法,改变 β-CD-PAA 与 GO 的质量浓度比(分别为 5:95、20:80、30:70、50:50),合成了

一系列 β-CD-PAA-GO 复合材料。

5. 表征

采用 KBr 压片法通过 Hitachi FTIR-S-8400 型傅里叶变换红外光谱仪（波数范围为 $400 \sim 4000\ cm^{-1}$）对样品红外光谱进行测定。采用 Hitachi S-4800 型扫描电子显微镜（SEM）对样品的形貌进行观察。采用 Bruker 公司的核磁共振仪（$^1H\ NMR$，500 MHz）对样品的结构进行表征。

 思考题

（1）实验过程中加入 EDC 和 NHS 有何作用？

（2）β-CD-PAA-GO 复合材料与 GO 材料相比，有哪些优点？

（刘金水）

实验 58　甲烷部分氧化制取合成气反应的起燃特性测试

实验目的

(1) 了解甲烷部分氧化制取合成气的特点、反应途径和起燃特性。

(2) 掌握固定床反应器的特点和基本实验操作。

实验原理

天然气的主要成分是甲烷(CH_4)，将高活性的甲烷催化活化转化为合成气($CO+H_2$)，再以合成气为原料，合成氨、甲醇、液体燃料和其他一系列重要的化学化工产品或原料的合成，具有重要的经济效益及应用前景。甲烷部分氧化(POM)制取合成气作为天然气间接转化的"龙头"反应备受关注，并有望部分取代传统的甲烷水蒸气重整反应，成为工业上合成气生产的新途径。

甲烷分子因为电子结构与惰性气体相似，所以具有较高的热力学稳定性，进而使得其较难被活化。此外，sp^3 杂化的 C—H(键能为 435 kJ·mol^{-1})所形成的正四面体结构使甲烷分子不具有官能团、磁矩和偶极矩，很难发生化学反应。目前的研究表明，甲烷可以在金属表面发生吸附解离(方程式(58.1))，比如 Ni、Ru、Pd、Pt、Rh 和 Ir 等，其活化能为 25～60 kJ·mol^{-1}，因而选取高效的催化剂对甲烷转化有重要影响。

$$CH_{4(ad.)} \longrightarrow CH_{x(ad.)} + (4-x)/2H_2 \tag{58.1}$$

POM 反应按燃烧-重整机理进行时，在催化剂床层前部(有 O_2 存在的区域)首先发生强放热的甲烷完全燃烧反应，原料气中的 O_2 在反应中消耗殆尽，并伴随着催化剂床层前部温度的迅速升高，此区域被称为燃烧区(氧化区)。在催化剂床层后部(O_2 的剩余量几乎为零)，未转化的甲烷再分别与燃烧产生的 CO_2 和 H_2O 发生强吸热的重整反应，生成 CO 和 H_2，此区域被称为重整区。催化剂上甲烷的转化效率与反应温度之间的关系，被称为起燃温度特性(起燃特性)。通常，定义甲烷转化率达到 50% 时的温度 T_{50} 为该催化剂的起燃温度。T_{100} 表示甲烷完全转化时的温度。

仪器与试剂

1. 仪器

加热器，烘箱，实验筛网，马弗炉，干燥器，磁力搅拌器，固定床反应器，GC-950 气相色谱仪。

2．试剂

硝酸钯，氯铂酸，二氧化硅，氧化铝，去离子水，无水乙醇，甲烷原料气，氮气，氢气等。

 实验步骤

1．催化剂选取或制备

将适量商用 Pd/SiO₂ 或 Pd/Al₂O₃ 催化剂或已制备的纳米贵金属催化剂进行磨碎、压片，筛选 60～100 目颗粒，备用。

2．催化剂性能测试

称量上述催化剂 20～50 mg，装入内径为 1 mm 的石英反应器中，然后将其安装固定在固定床流动反应装置中，并在一定温度下通高纯 H_2 预还原 30 min 后，降温至室温；紧接着，在此温度下切换成 $CH_4/O_2/Ar$（体积比为 2∶1∶45）反应，可按照一定的升温速率来调节反应温度（20～500 ℃），反应时间为 1～3 h。记录实验结果，考察催化剂的甲烷部分氧化能力及其稳定性。

3．反应过程分析

原料气配比和反应尾气组成用 GC-950 气相色谱仪在线分析，以高纯 Ar 为载气，采用碳分子筛填充柱（TDX-02,3 m），热导检测器，原料气流速使用皂沫流量计测定。柱温、汽化室和热导检测器的温度均为 105 ℃，桥流为 65 mA。

4．催化剂起燃特性图绘制

将实验结果转化为催化剂上甲烷的转化率与反应温度之间的关系图（以反应温度为横坐标，转化率为纵坐标）。并对结果进行分析。

 注意事项

（1）催化剂在装填过程中要注意平整、均匀。

（2）实验过程中注意反应床层温度的调节。

 思考题

（1）催化剂起燃温度受到哪些因素的影响？

（2）催化剂床层是否会出现"飞温"现象？为什么？

（李 兵 章 青）

实验 59　稀土金属有机化学综合虚拟仿真实验

 实验目的

（1）了解稀土元素的基本性质和稀土化合物的基本特点。

（2）利用虚拟仿真技术，在无水无氧条件下合成稀土金属有机化合物。

（3）利用虚拟仿真技术，学习 Schlenk 线和手套箱等无水无氧操作原理和技术，了解现代合成化学中的实验方法。

（4）学习通过核磁共振氢谱表征（Me$_3$SiCH$_2$）$_3$Y（THF）$_2$的结构。

 实验原理

稀土金属元素包括镧系以及性质相近的钪、钇等 17 种元素，在元素周期表中位于主族金属和其他过渡金属之间的ⅢB族，如表 59.1 所示。

表 59.1　稀土金属元素

原子序数	名称	元素符号	电子组态		离子半径	分类
			原子	离子（Ln^{3+}）	Ln^{3+} / $\times 10^{-10}$ m （CN＝6）	
57	镧	La	5d^{1}6s^2	[Xe]	1.032	轻稀土
58	铈	Ce	4f^{1}5d^{1}6s^2	4f^1	1.01	
59	镨	Pr	4f^{3}6s^2	4f^2	0.99	
60	钕	Nd	4f^{4}6s^2	4f^3	0.983	
61	钷	Pm	4f^{5}6s^2	4f^4	0.97	
62	钐	Sm	4f^{6}6s^2	4f^5	0.958	中稀土
63	铕	Eu	4f^{7}6s^2	4f^6	0.947	
64	钆	Gd	4f^{7}5d^{1}6s^2	4f^7	0.938	
65	铽	Tb	4f^{9}6s^2	4f^8	0.923	
66	镝	Dy	4f^{10}6s^2	4f^9	0.912	

原子序数	名称	元素符号	电子组态		离子半径	分类
			原子	离子(Ln^{3+})	Ln^{3+} / $\times 10^{-10}$ m（CN = 6）	
67	钬	Ho	$5f^{11}6s^2$	$4f^{10}$	0.901	重稀土
68	铒	Er	$4f^{12}6s^2$	$4f^{11}$	0.890	
69	铥	Tm	$4f^{13}5d^16s^2$	$4f^{12}$	0.880	
70	镱	Yb	$4f^{14}6s^2$	$4f^{13}$	0.868	
71	镥	Lu	$4f^{14}5d^16s^2$	$4f^{14}$	0.861	
21	钪	Sc	$3d^14s^2$	［Ar］	0.745	
39	钇	Y	$4d^15s^2$	［Kr］	0.900	

稀土元素原子独特的电子层排布决定了它们独特的化学性质：与主族金属相比，稀土金属离子的配位数更高（8～12），更有利于底物的络合和活化，具有一定的过渡金属性质。与过渡金属相比：① 稀土金属的离子性强，4f 轨道由于受到较强的屏蔽作用不参与成键，d 区过渡金属中的 18 电子规则在稀土金属有机化学中不适用；② 大部分稀土金属离子的氧化态稳定，不易发生 d 区过渡金属配合物中的氧化加成和还原消除等反应；③ 稀土金属元素虽然属于副族，但稀土—C 键和稀土—N 键的离子性很强，具有很好的反应活性；④ 稀土离子属于硬路易斯酸，易和含有 N、O 等硬碱的配体配位，表现出很强的亲氧、亲氮性，而与有机膦配体、烯烃及羰基等软碱的作用较弱，一般难以形成稳定的配合物。

自从 1954 年威尔金森（Wilkinson）等首次合成出三茂稀土金属有机配合物以来，稀土金属有机化学经历了 20 世纪 60—70 年代的鲜为人知、80 年代的方兴未艾、90 年代后的蓬勃发展以及 21 世纪以来不断突破的四个发展阶段。早期发展滞后的主要原因是：① 稀土金属 17 个元素在化学性质上非常相似，在大自然中处于共生的状态，要将单个稀土金属元素进行分离是十分困难的。我国化学家徐光宪先生发现了稀土溶剂萃取体系具有“恒定混合萃取比”基本规律，在 20 世纪 70 年代建立了具有普适性的串级萃取理论，才逐步有了单个稀土化合物的商品供应，他被誉为“中国稀土之父”。② 稀土金属化合物具有很强的亲氧性，对水和空气十分敏感，严格的 Schlenk 操作技术的建立以及实验条件和仪器的发展促使了稀土金属有机化学的进一步发展。

目前，稀土金属有机化学的研究主要分为两个方面：一是结构新颖的稀土金属配合物的合成和结构表征；二是稀土金属有机配合物的反应及其在高分子合成和有机合成中的应用。稀土金属烷基化合物 $(Me_3SiCH_2)_3RE(THF)_2$（RE 代表稀土元素）是稀土金属有机化学的基本原料，它本身也是重要的催化剂，以稀土金属钇为例，其合成分为以下三步：

（1）从 Y_2O_3 出发合成得到基本原料 YCl_3，该步骤涉及真空升华操作：

$$Y_2O_3 \xrightarrow[\textcircled{2}升华]{\textcircled{1}浓\ HCl,NH_4Cl} YCl_3$$

（2）在严格无水无氧的条件下，通过金属锂与 $ClCH_2SiMe_3$ 反应，合成得到水、氧敏感且易燃的烷基锂 $LiCH_2SiMe_3$：

$$Me_3Si\diagup\diagdown Cl \xrightarrow[回流]{己烷} Me_3Si\diagup\diagdown Li$$

（3）在严格无水无氧的条件下，通过 YCl_3 与 $LiCH_2SiMe_3$ 反应可以得到目标产物 $(Me_3SiCH_2)_3Y(THF)_2$：

$$YCl_3 \xrightarrow{\text{THF}} YCl_3(THF)_x \xrightarrow[\text{己烷}]{Me_3Si-Li} (Me_3SiCH_2)_3Y(THF)_2$$

　　稀土金属有机化合物对水、空气高度敏感，研究其化学物质需要严格的无水无氧操作技术，主要包括双排管和手套箱技术，涉及气体钢瓶、液氮、真空设备以及各种专用仪器的操作，开展大规模的实验教学难度较大。实验中涉及金属锂、烷基金属等易燃化合物，基于实验安全的考虑，紧密结合安徽师范大学在稀土金属有机化学领域多年的研究特色和优势，建成了首个基于稀土金属有机化学的综合虚拟仿真实验项目。虚拟仿真实验可以有效降低实验风险。通过虚拟现实技术，实验项目分为无水三氯化钇的制备、$LiCH_2SiMe_3$ 的制备、三烷基稀土 $(Me_3SiCH_2)_3Y(THF)_2$ 的制备、$(Me_3SiCH_2)_3Y(THF)_2$ 的核磁表征四个模块，包括 116 个实验步骤，综合模拟了 $(Me_3SiCH_2)_3Y(THF)_2$ 的合成过程，并利用核磁共振仪对产物氢谱的信号峰进行了分析，对实验核心要素的仿真度可以达到 98% 以上。

 ## 仪器与试剂

　　三口烧瓶，球形冷凝管，铁架台，油浴锅，冷凝水管，磁力搅拌器，升降台，过滤装置，滤纸，烧杯，玻璃棒，加热板，称量天平，药匙，称量纸，100 mL 量筒，研钵和研锤，真空升华管，管式炉，冷阱管，液氮瓶，真空泵，双排管弯形内磨口真空接口，手套箱，一次性手套，样品瓶，加料漏斗，橡皮翻口塞，剪刀，镊子，注射器，导流针，Schlenk 瓶，冰水浴，胶头滴管，胶圈和直形真空接头，手套箱，核磁共振仪等仪器。虚拟仿真软件，计算服务器等。

 ## 实验方法与步骤

1. 实验方法描述
访问链接 http://www.dlvrtec.com:8127，学号注册后登录使用。

2. 学生交互性操作步骤说明
本实验包含四个模块，共计 116 个实验步骤，下面详细介绍各模块。

模块一　无水三氯化钇的制备
（1）点击 250 mL 三口烧瓶，向其中加入 29.4 g Y_2O_3 和 90 mL 浓盐酸。

（2）拖拽三口烧瓶至铁架台，用烧瓶夹固定，浸入油浴锅中，将球形冷凝管插在烧瓶中间口，两边瓶口用真空玻璃瓶塞，接好冷凝水管，并打开循环水（图 59.1）。

（3）点击搅拌器开关，打开磁力搅拌器，在 120 ℃下回流反应至溶液澄清透明。

（4）点击搅拌器开关，关闭电源，取下三口烧瓶。

（5）拖拽三口烧瓶至长颈漏斗处，在玻璃棒引流下趁热进行过滤。

（6）拖拽盛有滤液的 250 mL 烧杯至磁力搅拌器处，打开搅拌器开关，在 120 ℃下加热搅拌至蒸发一半溶剂左右。

（7）点击 250 mL 烧杯，加入 25.2 g NH_4Cl，加热搅拌至黏稠。

（8）点击磁力搅拌器加热旋钮，关闭加热，继续搅拌至固体变干，关闭磁力搅拌器电源。

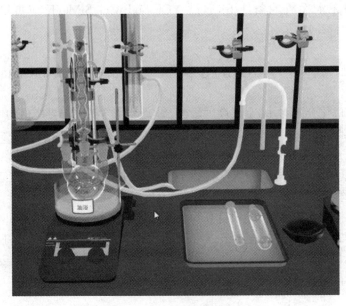

图 59.1 加热回流装置

（9）拖拽烧杯至研钵处,将得到的块状固体研磨成粉末。

（10）拖拽研钵至真空升华管处,将粉末倒入其中,套上空气冷凝管和直形真空接头。

（11）拖拽升华管至管式炉处,将升华管插入管式炉,用铁架台固定好空气冷凝管。

（12）点击冷阱管,使用橡胶管分别连接空气冷凝管和真空泵。

（13）点击真空泵开关,打开真空泵。

（14）点击直形真空接头旋塞,打开旋塞,抽真空。

（15）拖拽冷阱管至液氮瓶处,将冷阱管插入液氮中。

（16）点击管式炉,设定温度程序,真空加热进行升华(图 59.2)。

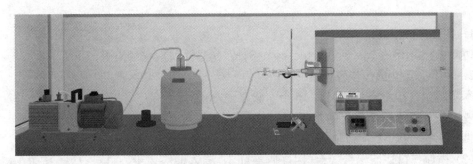

图 59.2 真空升华 YCl₃

（17）点击管式炉开关,关闭管式炉,保持真空冷却至室温。

（18）点击直形真空接头,关闭旋塞,取出冷阱管,拆除连接的橡胶管。

（19）点击真空泵开关,关闭真空泵。

（20）点击升华管,将升华管转移至通风橱,使用铁夹固定好空气冷凝管和升华管,连接升华装置与双排管(图 59.3)。

（21）点击真空泵开关,打开真空泵。

（22）点击氩气瓶旋钮,打开氩气。

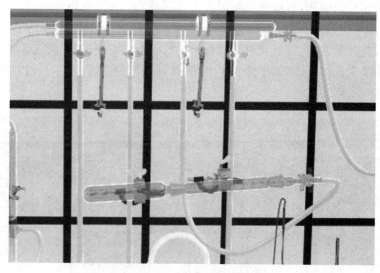

图 59.3　升华装置与双排管连接

（23）点击连接升华装置的双排管阀门，旋转至阀门小头向下，抽真空。

（24）点击连接升华装置的双排管阀门，旋转至阀门小头向上，充入氩气，抽真空和充氩气置换 3 次。

（25）点击直形真空接头旋塞，打开旋塞，将升华管中充满氩气。

（26）拖拽磨口塞至弯形内磨口真空接口处，将磨口塞插入真空接口。

（27）拖拽真空接口至双排管处，连接真空接口和双排管。

（28）点击弯形内磨口真空接口，调大氩气流量后取下真空接口的塞子，在氩气流保护下迅速取下升华管上的空气冷凝管，换上真空接口，调小氩气流量。

（29）点击连接真空接口的双排管阀门，旋转至阀门小头向下，抽真空 3 min。

（30）点击真空接口旋塞，依次关闭真空接口旋塞，双排管阀门，氩气旋钮和真空泵开关。

（31）点击升华管，将升华管移至手套箱的过渡舱外（图 59.4）。

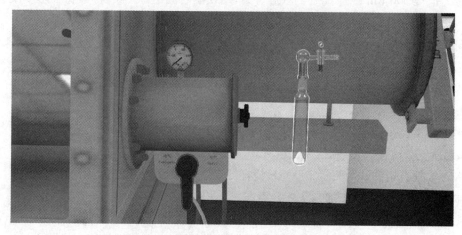

图 59.4　将装有 YCl₃ 的升华管带入手套箱

（32）点击过渡舱旋钮，将过渡舱旋钮置于充气状态，充完气后关闭，打开舱门，放入升华管，关闭舱门。

（33）点击过渡舱旋钮，将过渡舱旋钮置于抽气状态，抽真空和充氩气3次后关闭。

（34）点击手套箱的手套，双手伸入手套箱，打开内部的过渡舱门，从过渡舱中取出升华管，关闭过渡舱门（图59.5）。

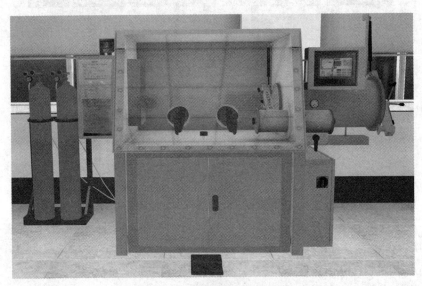

图 59.5　在手套箱中转移 YCl₃

（35）打开升华管上的旋塞，充入氩气，拖拽升华管至 1♯20 mL 样品瓶处，将 YCl₃ 转移到样品瓶，贴上标签。

（36）拖拽升华管至内部的过渡舱门处，打开舱门，放入升华管，关闭舱门。

（37）摘下手套，双手从手套箱中出来，点击外部的过渡舱门，取出升华管，关闭舱门，将过渡舱抽真空后旋钮置于关闭状态。

模块二　LiCH₂SiMe₃ 的制备

（38）拖拽 500 mL 三口烧瓶至双排管处，用铁架台固定好三口烧瓶，将球形冷凝管插在烧瓶中间口，两边瓶口用真空玻璃瓶塞，冷凝管上连接直形真空接头和双排管。

（39）点击连接反应装置的双排管阀门，旋转至阀门小头向下，打开直形真空接头旋塞，抽真空。

（40）点击电热风枪，吹烤烧瓶和球形冷凝管，除去体系内的空气及内壁附着的潮气（图59.6）

（41）点击连接升华装置的双排管阀门，旋转至阀门小头向上，充入氩气，将连接的管线抽烤和充氩气3次置换完毕后，充上氩气。

（42）拖拽石蜡油试剂瓶至 100 mL 烧杯处，倒入 40 mL 干燥的石蜡油。

（43）点击烧杯，向其中加入 7 g 金属锂。

（44）拖拽剪刀至小烧杯处，在石蜡油里将锂剪成长约 2 mm 的小块。

（45）拖拽小烧杯至三口烧瓶处，在氩气流的保护下，迅速将锂转移至烧瓶中。

（46）点击加料漏斗，移去加料漏斗，迅速换上 1♯橡皮翻口塞。

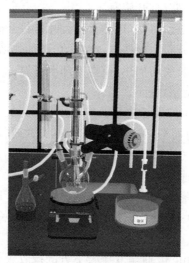

图 59.6　反应装置真空吹烤

　　（47）拖拽 1♯50 mL 注射器至盛有新蒸正己烷的溶剂回流装置处，将接收球的玻璃塞换成橡皮塞，将针头插入橡皮塞，置换氩气 3 次后吸取 30 mL（图 59.7）。

图 59.7　在氩气保护下用注射器量取新蒸的正己烷

　　（48）拖拽 1♯50 mL 注射器至三口烧瓶处，将注射器插入橡皮塞中，打开尾气阀，将正己烷转移至三口烧瓶，加完液体后关闭尾气阀。

　　（49）点击搅拌器开关，打开磁力搅拌器，搅拌 30 s 后关闭磁力搅拌器。

　　（50）拖拽 2♯50 mL 注射器至三口烧瓶处，将注射器针头插入橡皮塞中，置换氩气 3 次后，吸出三口烧瓶中的正己烷并弃去，并将 2♯50 mL 注射器插入橡皮塞中备用。

　　（51）点击 1♯橡皮塞，迅速换回玻璃塞。

（52）点击双排管的尾气旋塞,打开旋塞。

（53）拖拽油浴锅至三口烧瓶,将三口烧瓶浸入油浴,打开循环水。

（54）点击搅拌器开关,打开磁力搅拌器,在 80 ℃下加热回流 1 h。

（55）点击搅拌器加热旋钮,关闭加热,搅拌冷却至室温。

（56）点击双排管的尾气旋塞,关闭旋塞。

（57）点击玻璃塞,迅速换回 1♯橡皮塞。

（58）拖拽 3♯50 mL 注射器至盛有 ClCH$_2$SiMe$_3$ 的试剂瓶处,吸取 17 mL ClCH$_2$SiMe$_3$,插入橡皮塞中,打开双排管尾气旋塞,缓慢滴加至三口烧瓶中,加完后关闭尾气旋塞。

（59）点击 1♯橡皮塞,迅速换回玻璃塞。

（60）点击双排管的尾气旋塞,打开旋塞,室温下搅拌 1.5 h。

（61）点击搅拌器加热开关,在 80 ℃下加热回流 3 h 后,关闭搅拌器,静置冷却至室温,关闭双排管尾气旋塞。

（62）拖拽 1♯100 mL Schlenk 瓶至双排管下方的橡胶管处,连接 1♯Schlenk 瓶与橡胶管。

（63）拖拽已封好针的 1♯导流针至 1♯橡皮塞处,插入橡皮塞。

（64）点击三口烧瓶的玻璃塞,迅速将玻璃塞换成插有导流针的橡皮塞。

（65）点击 1♯Schlenk 瓶的玻璃塞,迅速换上 2♯橡皮翻口塞,并将导流针的另一端插入橡皮塞中。

（66）点击导流针,调整针头位置,将三口烧瓶中的一端插入上清液中。

（67）拖拽注射器短针头至 2♯橡皮翻口塞处,插入橡皮塞,关闭 1♯Schlenk 瓶的真空旋钮,开始转移上清液,转移完毕后,打开真空旋钮,取下注射器短针头(图 59.8)。

图 59.8　在氩气保护下转移烷基锂溶液

（68）点击导流针,将导流针从 1♯Schlenk 瓶内拔出,拆除回流反应装置。

（69）点击 2♯橡皮翻口塞迅速换回玻璃塞,抽真空除溶剂得到白色固体,关闭

1♯Schlenk 瓶旋塞,关闭双排管阀门,保持 1♯Schlenk 瓶的真空状态并取下,关闭氩气和真空泵。

（70）拖拽 1♯Schlenk 瓶至手套箱的过渡舱处,重复抽气充气操作 3 次,将 1♯Schlenk 瓶放入过渡舱内。

（71）点击手套箱的手套,手伸入手套箱从过渡舱中取出 1♯Schlenk 瓶。

（72）打开 1♯Schlenk 瓶的旋塞,充入氩气,拖拽 1♯Schlenk 瓶至 2♯20 mL 样品瓶处,将 LiCH$_2$SiMe$_3$ 转移到样品瓶,贴上标签。

（73）拖拽 1♯Schlenk 瓶至内部的过渡舱门处,打开舱门,放入 1♯Schlenk 瓶,关闭舱门。

（74）双手从手套箱中出来,点击外部的过渡舱门,取出 1♯Schlenk 瓶,关闭舱门,将过渡舱抽真空后旋钮置于关闭状态。

模块三　三烷基稀土(Me$_3$SiCH$_2$)$_3$Y(THF)$_2$ 的制备

（75）点击 2♯100 mL Schlenk 瓶,向其中加入 0.867 g YCl$_3$。

（76）重复抽气充气操作 3 次,拖拽 2♯Schlenk 瓶至手套箱的过渡舱,将 Schlenk 瓶放入过渡舱内。

（77）点击过渡舱,取出 2♯Schlenk 瓶至通风橱,将过渡舱抽真空后,阀门置于关闭状态。

（78）拖拽 2♯Schlenk 瓶至双排管处,连接 2♯Schlenk 瓶与双排管,将连接的管线抽真空和充氩气 3 次置换完毕后,充上氩气,最后打开 2♯Schlenk 瓶旋塞。

（79）点击 2♯Schlenk 瓶的玻璃塞,迅速换上 3♯橡皮塞。

（80）拖拽 4♯50 mL 注射器至盛有四氢呋喃的溶剂回流装置处,置换氩气 3 次,吸取 15 mL 四氢呋喃转移至 2♯Schlenk 瓶并换回玻璃塞,关闭 2♯Schlenk 瓶旋塞,在氩气下密闭反应(图 59.9)。

图 59.9　在氩气保护下用注射器量取新蒸的四氢呋喃

（81）点击搅拌器开关,打开搅拌器,悬浮液搅拌过夜。

（82）点击双排管阀门,旋转至阀门小头向下,打开 2♯Schlenk 瓶旋塞,抽真空除去溶剂,随后充入氩气。

(83) 点击 2♯Schlenk 瓶的玻璃塞,迅速换上橡皮塞。

(84) 拖拽 1♯50 mL 注射器至盛有新蒸正己烷的溶剂回流装置处,置换氩气 3 次后吸取 10 mL 正己烷转移至 Schlenk 瓶。

(85) 点击 3♯橡皮塞,迅速换回玻璃塞。

(86) 拖拽冰水浴至 2♯Schlenk 瓶处,将 2♯Schlenk 瓶浸入冰水浴,搅拌。

(87) 点击 2♯Schlenk 瓶的玻璃塞,在氩气氛围下分别将 2♯Schlenk 瓶和 3♯Schlenk 瓶的玻璃塞换成橡皮塞。

(88) 点击 2♯导流针,依次将导流针的针头插入 2♯Schlenk 瓶和 3♯Schlenk 瓶内。

(89) 拖拽注射器短针头至 2♯Schlenk 瓶的橡皮塞处,插入橡皮塞,关闭 2♯Schlenk 瓶旋塞,开始向 2♯Schlenk 瓶内转移溶液,转移完毕后,打开旋塞,取下注射器短针头(图 59.10)。

(90) 点击导流针,将导流针从两个 Schlenk 瓶内拔出,撤去 3♯Schlenk 瓶。

(91) 点击 2♯Schlenk 瓶的橡皮塞,迅速换回玻璃塞。

(92) 点击冰水浴,撤去冰水浴,自然升至室温反应 3 h,生成大量沉淀。

(93) 点击搅拌器开关,关闭搅拌器电源,静置片刻分层。

(94) 拖拽 4♯100 mL Schlenk 瓶至双排管下方的橡胶管处,连接 Schlenk 瓶与双排管,对 Schlenk 瓶重复抽烤、充气操作 3 次,充入氩气。

(95) 拖拽已封好针的 3♯导流针至 3♯橡皮塞处,插入橡皮塞。

(96) 点击 2♯Schlenk 瓶的玻璃塞,迅速将玻璃塞换成插有导流针的橡皮塞。

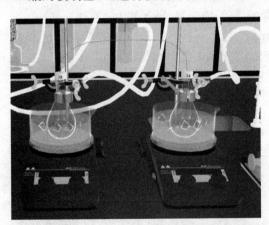

图 59.10　在氩气保护下转移烷基锂溶液至 YCl₃(THF)ₓ悬浮液中

(97) 点击 4♯Schlenk 瓶的玻璃塞,迅速换上 5♯橡皮塞并插入导流针的另一端,调整针头位置,将 2♯Schlenk 瓶中针头插入上清液中。

(98) 拖拽注射器短针头至 5♯橡皮翻口塞处,插入橡皮塞,关闭 4♯Schlenk 瓶旋塞,开始转移上清液,转移完毕后,打开 4♯Schlenk 瓶旋塞,取下注射器短针头(图 59.11)。

(99) 点击导流针,将导流针从 2♯Schlenk 瓶和 4♯Schlenk 瓶内拔出,撤去 2♯Schlenk 瓶。

(100) 点击 5♯橡皮翻口塞迅速换回玻璃塞,抽真空除溶剂,除去溶剂后,关闭 Schlenk 瓶旋塞,关闭双排管阀门,保持 Schlenk 瓶的真空状态并取下,关闭氩气和真空泵。

(101) 拖拽 4♯Schlenk 瓶至手套箱的过渡舱处,重复抽气充气操作 3 次,将 4♯Schlenk

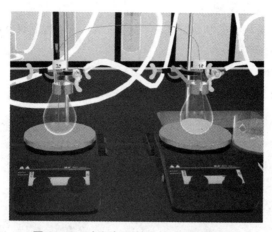

图 59.11　在氩气保护下转移烷基钇溶液

瓶放入过渡舱内。

（102）点击手套箱的手套，手伸入手套箱从过渡舱中取出 4♯Schlenk 瓶。

（103）打开 4♯Schlenk 瓶上的旋塞，充入氩气，拖拽己烷试剂瓶至 4♯Schlenk 瓶处，加入约 3 mL 正己烷，摇匀使完全溶解。

（104）拖拽 Schlenk 瓶至 3♯20 mL 样品瓶处，用胶头滴管将溶液转移到样品瓶。

（105）拖拽样品瓶至 −35 ℃ 冰箱处，将样品瓶放入冰箱冷冻重结晶，析出白色结晶性固体。

（106）点击冰箱取出样品瓶。

（107）拖拽胶头滴管至样品瓶处，吸出上清液并弃去。

（108）拖拽样品瓶至胶圈处，通过胶圈和真空接头将样品瓶和橡胶管连接起来，并固定在铁架台上。

（109）点击手套箱背面的真空泵开关，打开真空泵。

（110）点击手套箱背面的真空开关，打开开关。

（111）点击手套箱内的真空开关，打开开关，打开真空接头，真空干燥 30 min（图 59.12）。

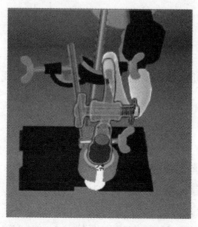

图 59.12　在手套箱中真空干燥烷基钇

（112）点击样品瓶上方的直形真空接头，依次关闭真空接头、手套箱内的真空开关、手套箱背面的真空开关和真空泵开关。

（113）点击样品瓶，拆除胶圈和真空接头，将样品瓶从铁架台上取下，盖上盖子，贴上标签。

（114）实验结束，整理实验台。

模块四 $(Me_3SiCH_2)_3Y(THF)_2$ 的核磁表征

（115）点击核磁共振仪（图 59.13），出现 $(Me_3SiCH_2)_3Y(THF)_2$ 的核磁共振氢谱。

图 59.13 500 MHz 核磁共振仪

（116）将不同环境下的质子拖拽到对应的信号峰处（图 59.14）。

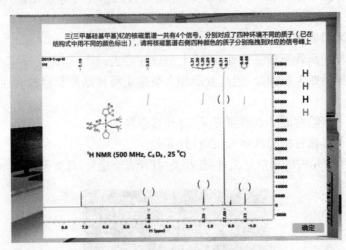

图 59.14 烷基钇的核磁共振氢谱归属

 分析讨论

（1）稀土为什么是我国重要的战略资源？

（2）稀土元素为什么具有独特的光学、磁学等性质？

（3）稀土-碳键和其他过渡金属-碳键的性质有何区别？

（4）与普通有机化合物相比，金属有机化合物 $(Me_3SiCH_2)_3Y(THF)_2$ 的 ^1H NMR 谱有何独特之处？

（5）操作空气、水敏感化合物的 Schlenk 操作技术的要点有哪些？

 **思考题**

（1）无水三氯化稀土为什么要通过与氯化铵升华的方式制备？

（2）制备烷基锂和制备格氏试剂的方法有什么相同和不同之处？

（3）考虑相似相溶原理，分析一下金属有机化合物（Me$_3$SiCH$_2$）$_3$Y（THF）$_2$ 在正己烷中为什么能够很好地溶解。

（4）如果将（Me$_3$SiCH$_2$）$_3$Y（THF）$_2$ 暴露在空气中，那么会发生哪些反应？

（崔　鹏　朱先翠）

参 考 文 献

［1］ WANG Z H, WANG H, WANG L L, et al. Controlled synthesis of Cu_2O cubic and octahedral nano-and microcrystals [J]. Crystal Research and Technology, 2009, 44(16): 624-628.

［2］ WANG Z H, WANG H, WANG L L, et al. One-pot synthesis of single-crystalline Cu_2O hollow nanocubes [J]. Journal of Physics and Chemistry of Solids, 2009, 70(3/4): 719-722.

［3］ NI Y H, LI H, JIN L N, et al. Synthesis of 1D $Cu(OH)_2$ nanowires and transition to 3D CuO microstructures under ultrasonic irradiation, and their electrochemical property [J]. Crystal Growth & Design, 2009, 9(9): 3868-3873.

［4］ ZHANG H Y, HONG J M, NI Y H, et al. Microwave-assisted synthesis of $BaCO_3$ crystals with higher-order superstructures in the presence of SDS [J]. CrystEngComm, 2008, 10(8): 1031-1036.

［5］ HUANG J R, WU Y J, GU C P, et al. Large-scale synthesis of flowerlike ZnO nanostructure by a simple chemical solution route and its gas-sensing property [J]. Sensors and Actuators B, 2010, 146(1): 206-212.

［6］ 张娴, 余文媛, 李敏, 等. 二氧化硅球的制备及其功能化[J]. 胶体与聚合物, 2009, 27(2): 8-11.

［7］ 严小琴, 许静, 谢凯, 等. 反应条件对合成单分散二氧化硅微球的影响[J]. 精细化工中间体, 2004, 34(6): 49-51.

［8］ ZHA Q Q, YUAN F F, QIN G X, et al. Cobalt-based MOF-on-MOF two-dimensional heterojunction nanostructures for enhanced oxygen evolution reaction electrocatalytic activity [J]. Inorganic Chemistry, 2020, 59(2): 1295-1305.

［9］ 潘虹. 锌基配位聚合物微/纳米材料的合成、表征及其荧光性能[D]. 芜湖: 安徽师范大学, 2018.

［10］ LIU J Y, LONG J W, SHEN Z H, et al. A self-healing flexible quasi-solid zinc-ion battery using all-in-one electrodes [J]. Advanced Science, 2021, 8(8): 2004689.

［11］ CELEBI M, YURDERI M, BULUT A, et al. Palladium nanoparticles supported on amine-functionalized SiO_2 for the catalytic hexavalent chromium reduction [J]. Applied Catalysis B: Environmental, 2016, 180: 53-64.

［12］ ZHANG W X, WEN X G, YANG S H, et al. Single-crystalline scroll-type nanotube arrays of copper hydroxide synthesized at room temperature [J]. Advanced Materials, 2003, 15(10): 822-825.

［13］ ZHOU Y H, WANG S, ZHANG Z, et al. Hollow nickel-cobalt layered double hydroxide supported palladium catalysts with superior hydrogen evolution activity for hydrolysis of ammonia borane [J]. ChemCatChem, 2018, 10(15): 3206-3213.

［14］ COZZI P G. Metal-salen Schiff base complexes in catalysis: practical aspects [J]. Chemical Society Reviews, 2004, 33(7): 410-421.

［15］ FRIŠČIĆT, MOTTILLO C, TITI H M. Mechanochemistry for synthesis [J]. Angewandte Chemie

International Edition，2020，59(3)：1018-1029.

[16] MACFARLAND D K，HARDIN C M，LOWE M J. A phthalocyanine synthesis group project for general chemistry [J]. Journal of Chemical Education，2000,77(11):1484-1485.

[17] WILLIAMSON K L，LITTLE J G. Microscale experiments for general chemistry [M]. Boston：Houghton Mifflin，1997：329-336.

[18] SOROKIN A，MEUNIER B. Biomimetic oxidations catalyzed by transition metal complexes [J]. Chemical A European Journal，1998(9)：1269-1281.

[19] 王尊本. 综合化学实验[M]. 北京：科学出版社,2007.

[20] LOUDET A，BURGESS K. BODIPY dyes and their derivatives：syntheses and spectroscopic properties [J]. Chemical Reviews，2007, 107(11)：4891-4932.

[21] ARROYO I，HU R，MERINO G，et al. The smallest and one of the brightest efficient preparation and optical description of the parent borondipyrromethene system [J]. Journal of Organic Chemistry，2009，74(15)：5719-5722.

[22] JIAO L，YU C，LI J，et al. β-Formyl-BODIPYs from the Vilsmeier—Haack reaction [J]. Journal of Organic Chemistry，2009，74(19)：7525-7528.

[23] WANG D C，FAN J L，GAO X Q，et al. Carboxyl BODIPY dyes from bicarboxylic anhydrides：one-pot preparation, spectral properties, photostability, and biolabeling [J]. Journal of Organic Chemistry，2009，74(20)：7675-7683.

[24] CUI A，PENG X，FAN J，et al. Synthesis, spectral properties and photostability of novel borondipyrromethene dyes [J]. Journal of Photochemistry Photobiology A：Chemistry，2007，186(1)：85-92.

[25] FERY-FORGUES S，LAVABRE D. Are fluorescence quantum yields so tricky to measure? A demonstration using familiar stationery products [J]. Journal of Chemical Education，1999，76 (9)：1260-1264.

[26] SHARMA B M，ATAPALKA R S，KULKARNI A A. Continuous flow solvent free organic synthesis involving solids (reactants/products) using a screw reactor [J]. Green Chemistry，2019，21(20)：5639-5646.

[27] SHAFQAT S S，KHAN A A，KHAN M A,et al. Green synthesis and characterization of 3-carboxy coumarin and ethylcoumarin-3-carboxylate via knoevenagel condensation [J]. Asian Journal of Chemistry，2017，29(2)：261-266.

[28] Heravi M M，Sadjadi S，Oskooie H A，et al. The Synthesis of coumarin-3-carboxylic acids and 3-acetyl-coumarin derivatives using heteropolyacids as heterogeneous and recyclable catalysts [J]. Catalysis Communications，2008，9(3)：470-474.

[29] HE X，SHANG Y，ZHOU Y，et al. Synthesis of coumarin-3-carboxylic esters via FeCl₃-catalyzed multicomponent reaction of salicylaldehydes，Meldrum's acid and alcohols [J]. Tetrahedron，2015，71(5)：863-868.

[30] FIORITO S，GENOVESE S，TADDEO V A，et al. Microwave-assisted synthesis of coumarin-3-carboxylic acids under ytterbium triflate catalysis [J]. Tetrahedron Letters，2015，56 (19)：2434-2436.

[31] FIORITO S，TADDEO V A，GENOVESE S，et al. A green chemical synthesis of coumarin-3-

carboxylic and cinnamic acids using crop-derived products and waste waters as solvents [J]. Tetrahedron Letters, 2016, 57(43): 4795-4798.

[32] SAIKH F, DE R, GHOSH S. Oxidative aromatization of hantzsch 1,4-dihydropyridines by cupric bromide under mild heterogeneous condition [J]. Tetrahedron Letters, 2014, 55: 6171-6174.

[33] MIYAURA N, SUZUKI A. Phosphine-free palladium acetate catalyzed Suzuki reaction in water [J]. Chemical Reviews, 1995, 95(7): 2457-2483.

[34] PU L. 1,1′-binaphthyl dimers, oligomers, and polymers: molecular recognition, asymmetric catalysis, and new materials [J]. Chemical Reviews, 1998, 98(7): 2405-2494.

[35] LIU L, ZHANG Y, WANG Y. Phosphine-free oalladium acetate catalyzed Suzuki reaction in water [J]. Journal of Organic Chemistry, 2005, 70 (15): 6122-6125.

[36] WANG F F, HU Q Y, ZHANG W. Copper-catalyzed direct acyloxylation of $C(sp^2)$—H bonds in aromatic amides [J]. Organic Letters, 2017, 19(13): 3636-3639.

[37] KAISER D, BAUER A, LEMMERER M, et al. Amide activation: an emerging tool for chemoselective synthesis[J]. Chemical Society Reviews, 2018, 47(21): 7899-7925.

[38] TAKISE R, MUTO K, YAMAGUCHI J. Cross-coupling of aromatic esters and amides[J]. chemical Society Reviews, 2017, 46(19): 5864-5888.

[39] TASKER S, STANDLEY E, JAMISON T. Recent advances in homogeneous nickel catalysis[J]. Nature, 2014, 509(7500): 299-309.

[40] DANDER J E, MORRILL L A, NGUYEN M M, et al. Benchtop delivery of Ni(cod)₂ using paraffin capsules [J]. Journal of Chemical Education. 2019, 96(4): 776-780.

[41] DANDER J E, WEIRES N A, GARG N K. Benchtop delivery of Ni(cod)₂ using paraffin capsules [J]. Organic Letters, 2016, 18(15): 3934-3936.

[42] CHEN D, WANG Z J, BAO W. Copper-catalyzed cascade syntheses of 2H-benzo[b][1,4]thiazin-3(4H)-ones and quinoxalin-2(1H)-ones through capturing S and N atom respectively from AcSH and TsNH₂[J]. Journal of Organic Chemistry, 2010, 75(16): 5768-5771.

[43] GUNAWAN S, NICHOL G, HULME C. Concise route to a series of novel 3-(tetrazol-5-yl) quinoxalin-2(1H)-ones [J]. Tetrahedron Letters, 2012, 53(13): 1664-1667.

[44] RAVELLI D, FAGNONI M, ALBINI A. Photoorganocatalysis. What for? [J]. Chemical Reviews, 2013, 42(1): 97-113.

[45] XIE L Y, BAI Y S, HE W M, et al. Visible-light-induced decarboxylative acylation of quinoxalin-2(1H)-ones with α-oxo carboxylic acids under metal-, strong oxidant-and external photocatalyst-free conditions [J]. Green Chemistry, 2020, 22(5): 1720-1725.

[46] YAN M, KAWAMATA Y, BARAN P S. Synthetic organic electrochemical methods since 2000: on the verge of a renaissance[J]. Chemical Reviews, 2017, 117(21): 13230-13319.

[47] YUAN Y, LEI A W. Electrochemical oxidative cross-coupling with hydrogen evolution reactions [J]. Accounts of Chemical Research, 2019, 52(12): 3309-3324.

[48] KONG W, FUENTES N, NEVADO P D C, et al. Stereoselective synthesis of highly functionalized indanes and dibenzocycloheptadienes through complex radical cascade reactions[J]. Angewandte Chemie international Edition, 2015, 54(18): 2487-2491.

[49] ANANdD P, SINGH B. A review on cholinesterase inhibitors for Alzheimer's disease [J].

Archives of pharmacal Research, 2013, 36(4): 375-399.

[50] LIPP L, SHARMA D, BANERJEE A, et al. In vitro and in vivo optimization of phase sensitive smart polymer for controlled delivery of rivastigmine for treatment of Alzheimer's disease [J]. Pharmaceutical Research, 2020, 37(3): 34.

[51] SVOBODOVA B, MEZEIOVA E, HEPNAROVA V, et al. Exploring structure-activity relationship in tacrine-squaramide derivatives as potent cholinesterase inhibitors [J]. Biomolecules, 2019, 9 (8): 379-384.

[52] CUI X, GUO Y E, FANG J H, et al. Donepezil, a drug for Alzheimer's disease, promotes oligo-dendrocyte generation and remyelination [J]. Acta Pharmacologica Sinica, 2019, 40 (11): 1386-393.

[53] YANG J, YUAN Y, GU J. et al. Drug synthesis and analysis of an acetylcholinesterase inhibitor: a comprehensive medicinal chemistry experience for undergraduates [J]. Journal of chemical Education, 2021, 98(3): 991-995.

[54] RAUSHEL J, FOKIN V V. Efficient synthesis of 1-Sulfonyl-1,2,3-triazoles [J]. Organic Letters, 2010, 12(21): 4952-4955.

[55] UGI I, MEYR R, FETZER U, et al. Studies on isonitriles [J]. Angew. Chem. 1959, 71 (11): 386.

[56] ZHANG J, YU P, TAN B, et al. Asymmetric phosphoric acid-catalyzed four-component Ugi reac-tion [J]. Science, 2018, 361(6407): 8707.

[57] MAMAJANOV I, ENGELHART A E, BEAN H D, et al. DNA and RNA in anhydrous media: duplex, triplex, and G-quadruplex secondary structures in a deep eutectic solvent [J]. Angewandte Chemie-International Edition, 2010, 49(36): 6310.

[58] AZIZI N, DEZFOOLI S, HASHEMI M M. A sustainable approach to the Ugi reaction in deep eutectic solvent [J]. Comptes Rendus Chimie, 2013, 16(12): 1098-1102.

[59] KARDOS M. Vat dye of the naphthalene series: DE 276956[P]. 1913-10-10.

[60] HERBS W, HUNGER K. Industrial organic pigments[M]. 2nd. Weinheim: Wiley-VCH, 1997.

[61] WÜRTHNER F, Perylene bisimide dyes as versatile building blocks for functional supramolecular architectures [J]. Chemical Communications, 2004(14): 1564-1579.

[62] ZANG L, CHE Y, MOORE J S. One-dimensional self-assembly of planar π conjugated molecules: adaptable building blocks for organic nanodevices [J]. Accounts of Chemical Research, 2008, 41(12): 1596-1608.

[63] SCHMIDT R, OH J H, BAO Z, et al. High-performance air-stable n-channel organic thin film transistors based on halogenated perylene bisimide semiconductors[J]. Journal of the American Chemical Society, 2009, 131(17): 6215-6228.

[64] LI C, WONNEBERGER H. Perylene imides for organic photovoltaics: yesterday, today, and tomorrow[J]. Advanced Materials, 2012, 24(5): 613-636.

[65] ZHANG X, REHM S, SAFONT-SEMPERE M M, et al. Vesicular perylene dye nanocapsules as supramolecular fluorescent pH sensor systems[J]. Nature Chemistry, 2009, 1(8): 623-629.

[66] ROBINSON R. L XIII-A synthesis of tropinone [J]. Journal of the Chemical Society, Transactions, 1917, 111: 762-768.

[67] LIST B. Introduction：organocatalysis [J]. Chemical Reviews，2007，107(12)：5413-5415.

[68] VERKADA J M M，HEMERT L J C，RUTJES F P J T，et al. Organocatalysed asymmetric Mannich reactions [J]. Chemical Society Reviews，2008，37(1)：29-41.

[69] LIST B. The direct catalytic asymmetric three-component Mannich reaction [J]. Journal of the American Chemical Society，2000，122(38)：9336-9337.

[70] 王伯康,等. 中级无机化学实验[M]. 北京：高等教育出版社,1984.

[71] 居学海,等. 大学化学实验 4：综合与设计性实验[M]. 北京：化学工业出版社，2007.

[72] PU L. 1,1′-binaphthyl dimmers，oligomers，and polymers：molecular recognition，asymmetric catalysis，and new materials [J]. Chemical Reviews，1998，98(7)：2405-2494.

[73] NOJI M，NAKAJIMA M，KOGA K. A new catalytic system for aerobic oxidative coupling of 2-naphthol derivatives by the use of CuCl-amine complex：a practical synthesis of binaphthol derivatives [J]. Tetrahedron Letters，1994，35(43)：7893-7894.

[74] DING K，WANG Y，ZHANG L，et al. A novel two-phase oxidative coupling of 2-naphthols suspended in aqueous Fe^{3+} solutions [J]. Tetrahedron，1996，52(3)：1005-1010.

[75] 章文伟. 综合化学实验[M]. 北京：高等教育出版社,2009.

[76] 翟慕衡,张文敏,盛恩宏,等. 微波合成均分散高分子微球及其机理[J]. 物理化学学报，1999，15(8)：747.

[77] GU Q，LIN Q，HU C L,et al. Study on emulsion and suspension in situ polymerization [J]. Journal of Applied Polymer Science，2005，95(2)：404-412.

[78] 王国建,王公善. 功能高分子[M]. 上海：同济大学出版社，1996.

[79] 何卫东. 高分子化学实验[M]. 合肥：中国科学技术大学出版社，2003.

[80] 孙礼林,孙玉,汪凌云,等. 布洛芬高分子前体药物及纳米微球的合成和表征[J]. 功能高分子学报，2004，17(1)：97.

[81] 孙礼林. 以常用药物布洛芬为起始原料的两个大学化学有机合成实验[J]. 大学化学，2013，28(1)：44.

[82] 韩学琴. RAFT 聚合机理及动力学研究[D]. 上海：复旦大学,2008.

[83] 苗晓雪,卢会霞,赵津礼,等. 孔径可控的磺化聚醚砜/聚醚砜复合膜的制备及性能研究[J]. 南开大学学报(自然科学版),2023，56(2)：90-98.

[84] MELO J V，COSNIER S，MOUSTY C，et al. Urea biosensors based on immobilization of urease into two oppositely charged clays (laponite and Zn-Al layered double hydroxides)[J]. Analytical Chemistry，2002，74(16)：4037-4043.

[85] SCAVETTA E，BALLARIN B，BERRETTONI M，et al. Electrochemical sensors based on electrodes modified with synthetic hydrotalcites [J]. Electrochimica Acta，2006，51 (11)：2129-2134.

[86] SCAVETTA E，MIGNANI A，PRANDSTRALLER D，et al. Electrosynthesis of thin films of Ni，Al hydrotalcite like compounds[J]. Chemistry of Materials，2007，19(18)：4523-4529.

[87] YARGER M S，STEINMILLER E M P，CHOI K S. Electrochemical synthesis of Zn-Al layered double hydroxide (LDH) films[J]. Inorganic Chemistry，2008，47(13)：5859-5865.

[88] THERESE G H A，KAMATH P V. Electrochemical synthesis of metal oxides and hydroxides [J]. Chemistry of Materials，2000，12(5)：1195-1204.

[89] 杨大进,李宁. 2013 年国家食品年污染和有害因素风险工作手册[M]. 北京：中国质检出版社,中国标准出版社,2012.

[90] 四川省质量技术监督局.鸡蛋中氯霉素残留检测方法—酶联免疫吸附测定(ELISA)法:DB51/T469—2005[S/OL].2005-03-03[2023-08-30]. https://max.book118.com/html/2017/0706/120650358.shtm.

[91] 中华人民共和国农业部.动物源食品中氯霉素残留检测 酶联免疫吸附法:农业部1025号公告-26-2008[S/OL].2008-05-10[2023-08-30]. https://www.doc88.com/p-7189886651966.html.

[92] STELTER M, BOMBACH H. Process optimization in copper electrorefining[J]. Advanced Engineering Materials, 2004, 6(7): 558-560.

[93] 董绍俊,车广礼,谢远武.化学修饰电极[M].北京:科学出版社,2003.

[94] WANG G F, XUAN G, ZHOU X, et al. Electrochemical immunosensor with graphene/gold nanoparticles platform and ferrocene derivatives label[J]. Talanta, 2013, 103: 75-80.

[95] VLATKIS G, ANDERSSON L L, MULLER R, et al. Drug assay using antibody mimics made by molecular imprinting[J]. Nature, 1993, 361(6413): 645-647.

[96] BELBRUNO J J. Molecularly imprinted polymers[J]. Chemical Reviews, 2019, 119(1): 94-119.

[97] BOGNÁR Z, SUPALA E, YARMAN A, et al. Peptide epitope-imprinted polymer microarrays for selective protein recognition. Application for SARS-CoV-2 RBD protein[J]. Chemical Science, 2022, 13(5): 1263-1269.

[98] REN X, ZHANG Q, YANG J, et al. Dopamine imaging in living cells and retina by surface-enhanced Raman scattering based on functionalized gold nanoparticles[J]. Analytical Chemistry, 2021, 93(31): 10841-10849.

[99] WALDVOGEL S R. Caffeine—a drug with a surprise[J]. Angewandte Chemie International Edition, 2003, 42(6): 604-605.

[100] MONDAL S, DAS S R, SAHOO L, et al. Light-induced hypoxia in carbon quantum dots and ultrahigh photocatalytic efficiency[J]. Journal of the American Chemical Society, 2022, 144(6): 2580-2589.

[101] NEMATI F, HOSSEINI M, ZARE-DORABEI R, et al. Fluorescent turn on sensing of caffeine in food sample based on sulfur-doped carbon quantum dots and optimization of process parameters through response surface methodology[J]. Sensors and Actuators B: Chemical, 2018, 273: 25-34.

[102] 中华人民共和国国家卫生和生育委员会.饮料中咖啡因的测定:GB 5009.139-2014[S/OL].北京:国家标准出版社,2015. https://www.renrendoc.com/paper/239476520.html.

[103] CHENG N, JIANG Q, LIU J, et al. Graphitic carbon nitride nanosheets: one-step, high-yield synthesis and application for Cu^{2+} detection[J]. Analyst, 2014, 139(20): 5065-5068.

[104] RIBEIRO A C F, SIMÕER S M N, LOBO V M M, et al. Interaction between copper chloride and caffeine as seen by diffusion at 25 ℃ and 37 ℃[J]. Food Chemistry, 2010, 118(3): 847-850.

[105] 张峰,仇农学,邓红. ICP-AES法对苹果浓缩汁中某些金属离子的测定及相关条件分析[J].食品科学,2005,26(5):201-204.

[106] 方惠群,于俊生,史坚.仪器分析[M].北京:科学出版社,2002.

[107] Thermo Fisher Scientific. ICAP PRO系列ICP-OES操作手册[EB/OL].2019[2023-08-30]. http://www.thermofisher.com/icp-oes.

[108] WU C, CHIIU D T. Highly fluorescent semiconducting polymer dots for biology and medicine [J]. Angewandte Chemie International Edition, 2013, 52(11): 3086-109.

[109] CHAN Y H, WU P J. Semiconducting polymer nanoparticles as fluorescent probes for biological

imaging and sensing[J]. Particle & Particle Systems Characterization, 2015, 32(1): 11-28.

[110] CLAFTON S N, BEATTIE D A, MIERCZYNSKA-VASILEV A, et al. Chemical defects in the highly fluorescent conjugated polymer dots[J]. Langmuir, 2010, 26(23): 17785-17789.

[111] 李贞相,刘海舰,陈梓怡,等. 基于金纳米团簇和碳点杂化的双发射比率荧光探针快速检测亮蓝[J]. 化学研究与应用, 2021, 33(10): 1943-1948.

[112] MENG X, FAN K, YAN X. Nanozymes: an emerging field bridging nanotechnology and enzymology[J]. Science China Life Sciences, 2019, 62(11): 1543-1546.

[113] JIANG D, NI D, ROSENKRANS Z T, et al. Nanozyme: new horizons for responsive biomedical applications[J]. Chemical Society Reviews, 2019, 48(14): 3683-3704.

[114] HE Y, YIN M, SUN J, et al. Excellent catalytic properties of luminescent $Cu@Cu_2S$ nanozymes and antibacterial application[J]. Chemical Communications, 2022, 58(18): 2995-2998.

[115] BAHAREH K, HAMID R G. Synthesis of copper nanoparticles: an overview of the various methods[J]. Korean Journal of Chemical Engineering, 2014, 7(31): 1105-1109.

[116] JIA X, LI J, WANG E. Cu nanoclusters with aggregation induced emission enhancement[J]. Small, 2013, 9(22): 3873-3879.

[117] HE Y, YIN M, SUN J, et al. Excellent catalytic properties of luminescent $Cu@Cu_2S$ nanozymes and antibacterial application[J]. Chemical Communications, 2022, 58(18): 2995-2998.

[118] GEORGAKILAS V, OTYEPKA M, BOURLINOS A B, et al. Functionalization of graphene: covalent and non-covalent approaches, derivatives and applications[J]. Chemical Reviews, 2012, 112(11): 6156-6214.

[119] XU Y, LIU Z, ZHANG X, et al. A graphene hybrid material covalently functionalized with porphyrin: synthesis and optical limiting property[J]. Advanced Materials, 2009, 21(12): 1275-1279.

[120] XUE T, JIANG S, QU Y, et al. Graphene-supported hemin as a highly active biomimetic oxidation catalyst[J]. Angewandte Chemie International Edition, 2012, 124: 3888-3891.

[121] LINGAM K, PODILA R, QIAN H, et al. Evidence for edge-state photoluminescence in graphene quantum dots[J]. Advanced Functional Materials, 2013, 23(40): 5062-5065.

[122] 王娇娇,冯苗,詹红兵. 石墨烯量子点的制备[J]. 化学进展, 2013, 25(1): 86-94.

[123] DONG Y, SHAO J. CHEN C, et al. Blue luminescent graphene quantum dots and graphene oxide prepared by tuning the carbonization degree of citric acid[J]. Carbon, 2012, 50(12): 4738-4743.

[124] ZHAO W W, XU J J, CHEN H Y. Photoelectrochemical DNA biosensors[J]. Chemical Reviews, 2014, 114(15): 7421-7441.

[125] GRÄTZEL M. Photoelectrochemical cells[J]. Nature, 2001, 414(6861): 338-344.

[126] ZHAO W W, XU J J, CHEN H Y. Photoelectrochemical bioanalysis: the state of the art[J]. Chemical Society Reviews, 2015, 44(3): 729-741.

[127] BARD A J, FAULKNER L R. Electrochemical methods: fundamentals and applications[M]. 2nd. New York: John Wiley & Sons, 2001.

[128] SONG K M, CHO M, JO H, et al. Gold nanoparticle-based colorimetric detection of kanamycin using a DNA aptamer[J]. Analytical Biochemistry, 2011, 415(2): 175-181.

[129] 高会莲,康天放,鲁理平,等. 基于CdSe@CdS/壳聚糖/gC_3N_4复合物的卡那霉素电化学发光适配体传感器[J]. 分析试验室, 2023, 42(3): 305-311.

[130] ZHANG W, SUN X, ZHOU A, et al. When fluorescent sensing meets electrochemical amplifying: a powerful platform for gene detection with high sensitivity and specificity[J]. Analytical Chemistry, 2021, 93(22): 7781-7786.

[131] MONROE W, HEIEN M L. Electrochemical generation of hydroxyl radicals for examining protein structure[J]. Analytical Chemistry, 2013, 85(13): 6185-6189.

[132] TOMÁŠKOVÁ M, CHLKOVÁ J, NAVRÁTIL T, et al. Voltammetric determination of TBHQ individually and mixed with BHT in petroleum products using a gold disc electrode[J]. Energy & Fuels, 2014, 28(7): 4731-4736.

[133] THOMAS A, VIKRAMAN A E, THOMAS D, et al. Voltammetric sensor for the determination of TBHQ in coconut oil[J]. Food Analytical Methods, 2015, 8(8): 2028-2034.

[134] LI X, JI C, SUN Y, et al. Analysis of synthetic antioxidants and preservatives in edible vegetable oil by HPLC/TOF-MS[J]. Food Chemistry, 2009, 113(2): 692-700.

[135] XU X Y, RAY R, GU Y L, et al. Electrophoretic analysis and purification of fluorescent single-walled carbon nanotube fragments[J]. Journal of the American Chemical Society, 2004, 126(40): 12736-12737.

[136] YU J, YONG X, TANG Z, et al. Theoretical understanding of structure-property relationships in luminescence of carbon dots[J]. Journal of Physical Chemistry Letters, 2021, 12(32): 7671-7687.

[137] LIM S Y, SHEN W, GAO Z. Carbon quantum dots and their applications[J]. Chemical Society Reviews, 2015, 44(1): 362-381.

[138] TAVAKOLI N, VARSHOSAZ J, DORKOOSH F, et al. Development and validation of a simple HPLC method for simultaneous in vitro determination of amoxicillin and metronidazole at single wavelength[J]. Journal of Pharmaceutical and Biomedical Analysis, 2007, 43(1): 325-329.

[139] DU J Y, WANG C F, YUAN P C, et al. One-step hydrothermal synthesis of nitrogen-doped carbon dots as a super selective and sensitive probe for sensing of metronidazole in multiple samples[J]. Analytical Methods, 2021, 13(39): 4652-4661.

[140] LIU J S, LIU G N, LIU W X. Preparation of water-soluble -cyclodextrin/ poly (acrylic acid)/graphene oxide nanocomposites as new adsorbents to remove cationic dyes from aqueous solutions [J]. Chemical Engineering Journal, 2014, 257:299-308.

[141] ELBADAWI A H, GE L, LI Z H, et al. Catalytic partial oxidation of methane to syngas: review of perovskite catalysts and membrane reactors [J]. Catalysis Reviews-Science and Engineering, 2021, 63(1): 1-67.

[142] LIU H M, HE D H. Recent progress on ni-based catalysts in partial oxidation of methane to syngas [J]. Catalysis Surveys from Asia, 2012, 2(16): 53-61.

[143] ENGER B C, LODENG R, HOLMEN A. A review of catalytic partial oxidation of methane to synthesis gas with emphasis on reaction mechanisms over transition metal catalysts [J]. Applied Catalysis A-General, 2008, 346(1/2): 1-27.

[144] SHANNON R D. Revised effective ionic radii and systematic studies of interatomic distances in halides and chalcogenides [J]. Acta Crystallographica, 1976, 32(5): 751-767.

[145] SCHUMANN H, MEESE-MARKTSCHEFFEL J A, ESSER L. Synthesis, structure, and

reactivity of organometallic π-complexes of the rare earths in the oxidation state Ln^{3+} with aromatic ligands [J]. Chemical Reviews, 1995, 95(4): 865-986.

[146] WILKINSON G, BIRMINGHAM J M. Cyclopentadienyl compounds of Sc, Y, La, Ce and some lanthanide elements [J]. Journal of the American Chemical Society, 1954, 76(23): 6210.

[147] 钱长涛, 杜灿屏. 稀土金属有机化学[M]. 北京: 化学工业出版社, 2004.

[148] ZIMMERMANN M, ANWANDER R. Homoleptic rare-earth metal complexes containing Ln-C σ-bonds [J]. Chemical Reviews, 2010, 110(10): 6194-6259.

[149] WEDAL J C, EVANS W J. A rare-earth metal retrospective to stimulate all fields [J]. Journal of the American Chemical Society, 2021, 143(44): 18354-18367.

[150] REED J B, HOPKINS B S, AUDRIETH L F. Anhydrous rare earth chlorides [J]. Inorganic Synthesis, 1939, 1: 28-33.

[151] ESTLER F, EICKERLING G, HERDTWECK E, et al. Organo-rare-earth complexes supported by chelating diamide ligands [J]. Organometallics, 2003, 22(6): 1212-1222.

彩　　图

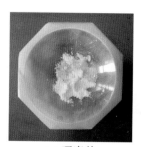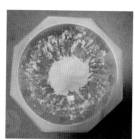

(a) 研磨前　　　　　　　(b) 研磨 30 min 后　　　　　　(c) 研磨 90 min 后

彩图 1　席夫碱配体的固相合成反应前后对比图

(a) 研磨前　　　　　　　(b) 研磨 20 min 后　　　　　　(c) 研磨 30 min 后

彩图 2　铜席夫碱配合物的固相合成反应前后对比图

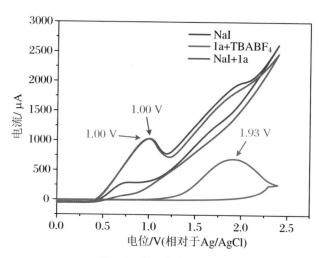

彩图 3　循环伏安曲线图

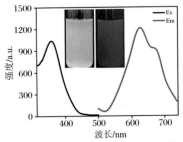

(a) CuNCs的发射光谱和激发光谱(插图 为CuNCs自然光和紫外灯下的照片)　(b) CuNCs的透射电子显微镜照片　(c) CuNCs高分辨透射电子显微镜照片

彩图 4　CuNCs 的表征

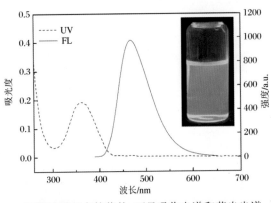

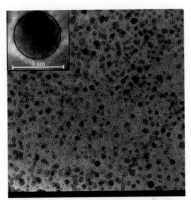

(a) 石墨烯量子点的紫外–可见吸收光谱和荧光光谱 (插图为石墨烯量子点在紫外灯照射下的照片)　(b) 石墨烯量子点的透射电子显微镜照片 (插图为其高分辨透射电子显微镜照片)

彩图 5　石墨烯量子点的表征